工学结合新思维高职高专航海技术类“十二五”规划教材

总主编　马魁君

邮轮运营实务

主　编　杨　杰
副主编　刘　艳

对外经济贸易大学出版社
中国·北京

图书在版编目（CIP）数据

邮轮运营实务 / 杨杰主编．—北京：对外经济贸易大学出版社，2012（2021.5 重印）

工学结合新思维高职高专航海技术类“十二五”规划教材

ISBN 978-7-5663-0491-9

Ⅰ．①邮… Ⅱ．①杨… Ⅲ．①旅游船-经济管理-高等职业教育-教材 Ⅳ．①F590.7

中国版本图书馆 CIP 数据核字（2012）第 237102 号

邮轮运营实务

杨 杰 **主编**

责任编辑：高 卓 郭华良

对 外 经 济 贸 易 大 学 出 版 社

北京市朝阳区惠新东街 10 号 邮政编码：100029

邮购电话：010-64492338 发行部电话：010-64492342

网址：http://www.uibep.com E-mail：uibep@126.com

三河市少明印务有限公司印装 新华书店经销

成品尺寸：185mm×260mm 12.75 印张 295 千字

2012 年 10 月北京第 1 版 2021 年 5 月第 10 次印刷

ISBN 978-7-5663-0491-9

印数：21 301－22 300 册 定价：23.00 元

出版说明

中国自2001年加入世贸组织之日起，严格遵守有关海运行业的发展承诺，全面实施《国际海运条例》等法规，在海运服务、港口建设等方面实行新的开放政策，为中外航商提供更为公平的市场经营环境，成为直接与国际接轨和充分竞争的行业，其开放度高于发展中国家，与发达国家基本相当。

当前，中国正在积极建设以渤海湾、长三角、珠三角三大港口群为依托的三大国际航运中心，即以天津、大连、青岛等港口为支撑的北方国际航运中心；以江浙为两翼、上海为中心的上海国际航运中心；以深圳、广州、香港为支撑的香港国际航运中心。

为适应我国海运事业蓬勃发展对航海技术类高素质技能型专业人才的迫切需要，对外经济贸易大学出版社认真贯彻教育部《关于全面提高高等职业教育教学质量的若干意见》（教高［2006］16号）的要求，联合天津海运职业学院、天津职业大学、天津中德职业技术学院、天津电子信息职业技术学院、芜湖职业技术学院、天津商务职业学院、天津冶金职业技术学院、天津青年职业学院、天津城市职业学院、河北交通职业技术学院、天津国土资源和房屋职业学院、南通航运职业技术学院、广西职业技术学院、西安职业学院、济南铁道学院、福建交通职业学院、集美大学航海学院、辽东学院等国家、省（直辖市）级示范性高等职业院校，创新推出一套面向高职高专层次、涵盖航海技术类不同专业的立体化教材——工学结合新思维高职高专航海技术类"十二五"规划教材。该系列教材包括航海技术、海事管理、酒店管理（邮轮乘务）、轮机工程管理、航运经济、计算机网络技术、理化测试及质检技术等专业。

根据教育部（教高［2006］16号）文件关于"高等职业院校要积极与行业企业合作开发课程，根据技术领域和职业岗位（群）的任职要求，参照相关的职业资格标准，改革课程体系和教学内容，建立突出职业能力培养的课程标准，规范课程教学的基本要求，提高课程教学质量"的要求，本套教材的编者在深入行业实践、调研的基础上，着眼于提高学生专业实际操作能力和就业能力的宗旨，采取了情境模块、案例启发、任务驱动、项目引领、精讲解重实训的编写方式，使教材建设在理论够用的基础上，在专业技能培养与训练环节，特别是"教学做一体化"方面有所突破，"确保优质教材进课堂"。

根据国家职业教育的指导思想，目前我国高职高专教育的培养目标是以能力培养和技术应用为本位，其教材建设突出强调应用性和适用性，既要满足专业教育又能适应就业导向的"双证书"（毕业证和技术等级证）的人才培养目标需要。根据教育部提出的高等职业教育"与行业企业共同开发紧密结合生产实际的实训教材"的要求，本套教材的作者不仅具有丰富的高等职业教育教学经验，而且具有海运企业相关岗位的一线实践经历，主持或参加过多项应用技术研究。这是本套教材编写质量与高等职业教育特色的重要保证。

此外，本套教材配有教师用PPT文稿，方便教师教学参考。

天津海运职业学院院长马魁君教授担任本套教材的总主编。本套教材的参编企业有中远散运有限责任公司、中国石油集团海洋工程有限公司、伦敦海事、微软（中国）有限公司、中铁工程设计院（天津）有限公司、新浪网技术（中国）有限公司、思科（中国）网络技术有限公司等。

愿本套工学结合新思维高职高专航海技术类“十二五”规划教材的出版对我国海运高等职业教育的创新发展与高职人才培养质量的稳步提升有所助益！

对外经济贸易大学出版社

2010 年 6 月

前　言

《邮轮运营实务》是“工学结合新思维高职高专航海技术类‘十二五’规划教材”之一。

邮轮旅游是全球旅游业中增速最快的领域之一，自20世纪80年代以来一直保持着强劲的增长势头。进入21世纪，中国乃至亚洲市场成为邮轮旅游业新的增长点。2008年6月，国家发展和改革委员会下发《关于促进我国邮轮业发展的指导意见》，从宏观上确定了我国邮轮业发展的指导思想和主要任务，邮轮旅游业发展驶入了快车道。伴随中国经济实力的飞速跃升，中国邮轮旅游市场凸显出巨大的潜力，中国居民对邮轮旅游的兴趣与需求亦呈上升趋势。与此同时，邮轮旅游专业人才的匮乏问题日益引起业内专家的关注。近年来，中国高等教育不断加大对邮轮人才培养的重视和研究，但邮轮专业教材匮乏一直是制约专业发展的重要瓶颈。

天津海运职业学院是国内首家开设国际邮轮乘务专业的高职院校，一直致力于国际邮轮乘务专业人才的培养和邮轮专业教材的开发建设。“工学结合新思维高职高专航海技术类‘十二五’规划教材”的开发和建设为《邮轮运营实务》教材的问世提供了很好的平台。《邮轮运营实务》以服务邮轮行业为宗旨、以学生就业为导向、以提高学生职业素养和岗位技能为目的，将邮轮领域的最新知识与学生职业技能培养有机结合，很好地体现了现代高职教育“工学结合”的特点。

具体来说，本教材具有以下特点：

第一，内容新颖，原创性强。《邮轮运营实务》教材填补了我国邮轮高等职业教育在邮轮专业教材方面的空白，内容选取一部分源自国际邮轮业的成熟经验，一部分来自笔者亲赴邮轮进行实地考察、充分调研和岗位实践，融入了行业的最新信息。

第二，模块教学，教学做一体。本教材以邮轮专业的岗位操作程序为依托，以邮轮乘务人员的岗位技能为引领，精心设计了体现“工学结合”、“教学做一体”的八个模块。不仅在每个模块的开篇均设有“课前阅读”与“阅读思考”，引导学生发现自己知识和能力的空白，激发学生的学习兴趣，还在子模块中有针对性地安排了“想一想”、“做一做”等动脑、动手的训练，以期在基本知识的传授中强化和培养学生的思考能力与实践技能。

第三，英语标注，图文并茂。本教材的结构设计与内容安排兼顾高等职业教育培养对象的吸收能力，文字表述简明扼要，内容展现图文并茂，同时，对于专业术语都以英文标注，使学生在专业学习的同时掌握必要的英语词汇。

第四，推介阅读，拓展潜质。每个模块之后均精心选编了邮轮领域的“拓展阅读”篇目，使学生通过对此部分内容的阅读与汲取，更加深入地了解行业规则，拓宽视野，开发未来职业发展的潜质。

此外，为了方便教师授课，教材还配备了相应的PPT课件。课件不仅保持与教材内容脉络的一致性，还增加了相关背景知识介绍与邮轮行业发展信息。

本教材的编写着眼于高职高专学生的知识与技能培养，适用于高等职业院校旅游管理、酒店管理和邮轮乘务专业的学生使用。同时，国际邮轮爱好者及从业人员也可以通过阅读本书系统地了解国际邮轮行业的最新知识，实现岗位能力的提升。

本教材由天津海运职业学院国际邮轮乘务和旅游管理系主任杨杰老师担任主编，天津海运职业学院邮轮乘务教研室主任刘艳老师担任副主编。杨杰老师拥有香港理工大学酒店管理专业文凭、美国俄克拉荷马大学工商管理硕士和美国佛罗里达国际大学硕士学位，曾任教于中国旅游管理干部学院、天津商业大学以及美国佛罗里达国际大学酒店管理学院，曾担任山东蓝海酒店集团下辖酒店总经理、集团副总经理，并于1996年至1997年在美国皇家加勒比国际游轮有限公司属下的游轮餐饮部工作，具有丰富的教学经验与行业管理经验，2012年被天津市政府聘为天津市邮轮产业十二五规划论证专家，上海海事大学EMBA邮轮经济研究生导师，中国高等院校邮轮人才培训联盟秘书长，美国皇家加勒比游轮培训中心（筹备）负责人。刘艳老师具有多年的企业实践经验与高职教育教学经验，长期致力于国际邮轮乘务专业建设与人才培养，并取得了一定的成果。

杨杰老师拟定了本书的架构与写作大纲，编写了教材的模块一、模块四、模块六；刘艳老师编写了教材的模块三、模块四、模块五、模块七、模块八，并完成了教材的修订与统稿工作；天津海运职业学院胡顺利老师编写了教材的模块二、模块六、模块七。天津科技大学邱林锋老师、中江（新）国际私人有限公司屠小刚先生、威海国际经济技术合作股份有限公司郭玉光先生进行了本书的研讨和资料搜集工作。

本教材在调研与编写过程中得到了中国交通运输协会邮轮游艇分会郑炜航先生的鼎力支持与热情指导。天津商务职业学院（原天津对外经济贸易职业学院）魏秀敏教授在本教材的建设和编写过程中，不仅给予了悉心指导、中肯建议，还在百忙之中精心审修全稿，使本教材“教学做一体化”的高等职业教育核心特色更为彰显。毕业于本学院国际邮轮乘务和旅游管理系并从业于邮轮行业岗位上的时衍坤、张轶卓、徐依昆、王鑫等同学结合自己实际工作体会为教材的编写提供了详实的一手资料。本教材还参考和引用了国内外作者的研究成果。在此一并向他们表示最衷心的感谢。

限于编写队伍深入邮轮一线岗位的实践经验有限，书中内容难免存在不足或疏漏之处。随着国际邮轮业的飞速发展，本书在未来势必要进行修改和增删，为此，敬请邮轮行业的专家、高职教育同仁及本书的广大读者提出宝贵意见。

编　者

2012 年 6 月

目 录

模块一

现代邮轮基础

学习与训练总目标

- 掌握现代邮轮的定义与发展
- 熟悉现代邮轮的分类与主要特点
- 熟悉世界邮轮旅游业的发展历程、现状与未来趋向
- 了解我国邮轮旅游业的市场潜力、存在问题与前景展望

课前阅读

史上首艘22万吨级豪华邮轮梦幻起航

2009年10月30日，历经近六年时间的精心打造，享誉全球的美国皇家加勒比国际邮轮公司又一创世纪之作——“海洋绿洲”号（Oasis of the Seas）邮轮从芬兰库尔库STX船厂正式起航，开始为期12天的越洋之旅，前往位于美国佛罗里达州迈阿密罗德岱堡的邮轮母港。

“海洋绿洲”号邮轮长360米、宽64米，吨位达22.5万吨，拥有16层客用甲板、24部客用电梯、4个7 500马力的船头助推器、2 700多间客房，其中，多套客房是豪华装修的复式套房，可搭载5 400多名乘客和2 000多名船员。

这艘集冲浪公园、真冰溜冰场、悬臂式按摩泳池、攀岩墙、皇家大道等众多创新元素的豪华邮轮，囊括业内多个“第一”，并首次将“社区”概念引入到邮轮度假生活之中。游客可在旅游休闲之余，于“中央公园”、“百达汇欢乐城”、“皇家大道”、“游泳池和运动区”、“水疗和健身中心”、“娱乐世界”以及“青少年活动区”七大社区中结识来自世界各地志同道合的朋友，体验与众不同的设计元素。在海上首个中央公园内亲近自然，挑战9层楼高的高空滑绳，乘坐最为梦幻的手工制造旋转木马，享受复式套房舒适的居住感受以及欣赏海上水幕剧院的奇幻表演，这一切如梦幻般的假期体验都将在“海洋绿洲”号上一一呈现。

资料来源：www.rcclchina.com.cn

阅读思考

你了解邮轮吗？谈谈你对邮轮的认识与感受？

子模块一　走近现代邮轮

学习与训练子目标

- 了解邮轮的产生与发展
- 掌握现代邮轮的定义与分类
- 熟悉现代邮轮的主要特点

当今社会，搭乘豪华邮轮在浩瀚的大海上旅行，已成为现代人最为惬意的一种旅行方式。面对着一望无垠的蓝色大海，呼吸着扑面而来的清新海风，悠闲自在地躺在邮轮甲板上尽享日光沐浴……越来越多的人喜欢搭乘豪华邮轮，享受高水平的服务和丰富的海上娱乐与岸上活动，探索和感受邮轮旅游的美妙，邮轮旅游因此成为国际旅游行业增长最快的领域之一。那么，究竟什么是邮轮？现代邮轮有哪些特点？邮轮的产生与发展经历了怎样的历程呢？

一、邮轮的产生与发展

（一）邮轮的产生

原始社会末期，社会分工和产品交换的出现，推动了人们离家远行的需要。早在公元前 3000 年，海上民族腓尼基人就开始在地中海和爱琴海进行商业旅行，其旅行范围西越直布罗陀海峡，北至波罗的海，东到波斯湾。意大利籍葡萄牙航海家哥伦布，在 1492 年奉西班牙统治者之命，横渡大西洋，到达巴哈马群岛和海地。这些航海活动，兼有探险、考察旅行之性质，是人类航海旅行的雏形。

19 世纪上半叶，得益于科学技术的进步，人类航海史上揭开了光辉的一页。1801 年，“夏洛特·邓达斯”号（Charlotte Dundas）轮船投入使用，成为第一艘蒸汽驱动的船舶。1818 年，蒸汽动力客运轮船“沙瓦纳”号（Savannah）承载着 8 名乘客从美国纽约到英国利物浦，完成了历时 28 天的首次横跨大西洋的航行。此后，随着英国与美洲新大陆之间的商业往来日益频繁，很多船务公司开始利用横跨大西洋的班轮来运送邮件和包裹，其中英国铁行渣华公司（P&O）在 1837 年率先开办了海上客运兼邮件运输业务，“邮轮”一词由此而诞生，仅从字面上理解，可解释为“运送邮件的轮船”。

（二）邮轮的发展

1. 第一阶段：19 世纪上半叶至 19 世纪末

19 世纪上半叶，远洋班轮开始了运送邮件的业务。继英国铁行渣华公司之后，相继出现了很多船务公司将业务延伸到这一新兴领域，并展开了激烈的竞争。1840 年，加拿大人塞缪尔·库纳德（Samuel Cunard）取得了英国皇家政府的支持，在朋友的帮助下成立了英国北美皇家邮件船务公司，并将其命名为“冠达邮轮”（Cunard Line），这是世界上第一家专门的“邮轮”公司，且至今依然活跃在邮轮市场上。1845 年，大名鼎鼎的“泰坦尼克”号（R.M.S. Titanic）邮轮的船东——英国白星航运公司（The White Star Line）成立，在其后的几十年里，英国白星航运公司成为冠达邮轮在英国国内的主要竞争者。

想一想 为什么称冠达邮轮为世界第一家专门的邮轮公司？

尽管“邮轮”在 19 世纪上半叶已经出现，但当时的邮轮并不具备旅游功能，仅作为运送跨洲旅客以及越洋邮件的交通工具之用。19 世纪中后期，随着邮轮的穿梭往来，船务公司发现通过招揽旅客乘坐邮轮可以增加利润，因而开始设计专门用于客运的船舶，这使邮轮的功能逐渐由运送邮件向承载旅客转换。冬季的天气并不适合跨洋航行，一些船务公司将横跨大西洋的业务转让给竞争者，然后让自己的船只驶向更加温暖的海域，方便人们买张船票去游览一些异国的港口，去呼吸有利于身体健康的海上空气，或者在船上做一些有趣的事情。这一时期，邮轮旅游的雏形初步显现。

经典邮轮赏析

船名：“泰坦尼克”号（见图 1-1）
船东：英国白星航运公司
船长：269.06 米
船宽：28.19 米
吨位：64 328 吨
载客量：2 224 人
员工：891 人
首航时间：1912 年 4 月

图 1-1 “泰坦尼克”号邮轮

“Titanic”在英文中的意思是“巨大的”。“泰坦尼克”号（R.M.S. Titanic）在当时所处的时代也的确是海上的巨无霸，无人能及。1912年4月，“泰坦尼克”号首航，从英国出发，计划到美国纽约，航行4天后遇冰山沉没，给世界留下了痛苦的记忆。

在其后的一个世纪里，“泰坦尼克”号被多次搬上荧屏和荧幕，成为世界各国人民家喻户晓的重大历史事件。20世纪末，电影《泰坦尼克号》的上映，让人们窥探到了邮轮生活的奢华盛况，激发了人们对邮轮生活的向往，更在全世界掀起搭乘邮轮旅游的热潮。

2. 第二阶段：19世纪末至20世纪初

1901年冬季，“维多利亚·路易斯公主”号（Prinzessin Victoria Luise）邮轮以避寒航行的方式航行于地中海地区，开启了邮轮航运史的新篇章。其后，也出现了一些环游世界的航线，冠达邮轮的“卢可尼亚”号（R.M.S. Laconia）客货两用邮轮在1922年率先完成环游世界的壮举，海上邮轮的航线自此开始逐渐扩及大西洋两岸海域、中美洲加勒比海海域以及南太平洋海域等。1912年，号称永不沉没的“泰坦尼克”号遭遇的人类航海史上的一场空前劫难，让人们见识到海洋的可怕。尽管如此，人们对远洋邮轮的需求依然有增无减，大量欧洲移民乘邮轮移居美国和加拿大，远洋邮轮体积越来越大、速度越来越快，使该时期成为远洋邮轮的黄金岁月。

远洋航行中，人们为了打发单调漫长的航行时间，在船上建立起简易的酒吧和简单的娱乐设施。随着经济的高速发展，朴实的邮轮日渐奢华，且成为国家财富、品味和强大力量的象征，如今停靠在美国加利福尼亚长滩的“玛丽王后”号（R.M.S. Queen Mary）邮轮就曾经是大英帝国的骄傲，法国的“诺曼底”号（S.S. Normandie）邮轮同样在世界客船史上享有不灭的名望。各家邮轮公司都有自己的特色及偏向性。诸如冠达邮轮在20世纪中前期过于注重速度。英国白星航运公司则是极其重视内部的装饰和乘船的舒适感。法国跨大西洋航运公司（French Liner）的船则以内外兼修著称，简约的甲板布置、现代化的艺术装饰给邮轮一种摩登的感觉。这些远洋船只船型巨大，如同漂浮的城市一般，又似一座豪华的宫殿。

经典邮轮赏析

船名：“诺曼底”号（见图1-2）

船东：法国跨大西洋航运公司

吨位：83 423吨

首航时间：1935年

退役时间：1942年

图 1-2 “诺曼底”号邮轮

“诺曼底”号（S.S. Normandie）邮轮是有史以来最豪华的巨型邮轮，至今仍然给人一种梦幻般的感觉。许多前所未有的豪华装置都在“诺曼底”号上首次出现——第一烟囱和第二烟囱间的运动场和网球场；第一个温水循环的大型室内游泳池；第一个邮船上可以演出电影和轻歌剧的剧场；第一个采用柔光照明和室内广播系统；第一个在全体旅客舱室普及冷暖空调……时至今日，诺曼底号也被国际客船界评价为历史上最宏大、最漂亮、最豪华的邮船，“在世界客船史上享有不灭的名望”。

1935 年 5 月 29 日，5 万多人聚集在勒哈弗尔码头上，观看“诺曼底”号首航纽约的仪式。乐队奏起了《马赛曲》，无数的彩色飘带漫天飞舞。在人们的欢呼声中，“诺曼底”号起航了。“诺曼底”号在处女航当中，第一天的平均航速就达到了 29.76 节。根据抵达纽约港后的统计，平均时速达到了 29.98 节——新的横渡大西洋记录由此诞生。在缓缓驶进纽约邮船码头的时候，升起了一条长 30 英尺的蓝飘带，崭新而豪华的“诺曼底”号很快赢得了好评。

在远洋客运时期，邮轮公司为了赚钱，常常将邮轮内部分为两个或三个等级舱。头等舱接待有钱人，二等舱容纳中产阶级但有财务困境的人，三等舱或统舱提供给普通老百姓。一等舱和三等舱有明显的差别，一等舱的旅客在高雅的环境中，聆听身穿燕尾服的音乐家的演奏，睡在舒适的客舱里；三等舱的乘客只能吃些简单的食物，与自己的同伴一起睡在放满两层或三层床铺的巨大客舱里。在船上的任何地方，都不会允许这两个不同等级的人混合在一起。

由于经济条件所限，这一时期的邮轮主要以交通运输为目的，不仅乘坐三等舱的劳苦大众，即使乘坐一等舱、二等舱的有钱人，也要忍受无聊的漫长旅途和淡水、物资匮乏带来的种种不便。为节省路途时间，邮轮不到必要时不会停靠补给，纯属没有中途间歇的沿线运输。虽然这一时期邮轮旅游已产生萌芽，但利用邮轮开展度假业务尚未取代远洋运输的主导地位。

资料卡

蓝飘带奖

蓝飘带奖是一项荣誉称号，颁发给横渡大西洋速度最快的船。

在19世纪30年代之后的近160多年中，它在大西洋邮轮界一直享有极高的知名度和诱惑力。它的评选方法是计算邮轮的平均时速，评选范围包括德国的汉堡—纽约航线、英国的南安普顿—纽约航线、法国的勒阿弗尔—纽约航线、意大利的热那亚—纽约航线等。

蓝飘带奖发端于1833年，那时有一艘名叫“皇家威廉”号的英国蒸汽船，第一次不依靠自然力量横渡了大西洋。今天看来这艘小得可怜的船，靠明轮驱动，平均速度只有4.5节，但它却预示着人类完全征服海洋时代的到来。当时参与横渡大西洋客运业务的各家船运公司，为标榜自己的实力，纷纷以速度最快作为追求目标，逐渐形成一个约定俗成的惯例：哪艘邮轮能够以最快的平均速度横渡大西洋，就有权在主桅杆顶上升起一条长长的蓝色飘带。蓝飘带奖分为东行和西行两种，因为受到大西洋流的影响，东行的速度要高于西行的速度。

赢得蓝飘带奖，特别是在处女航中赢得蓝飘带奖，这是大西洋两岸每个邮轮公司和每艘邮轮船长最大的荣誉。

3. 第三阶段：二战期间至20世纪中叶

20世纪上半叶，远洋邮轮的黄金时代被破坏性的战争所打破。1939年，第二次世界大战爆发，很多远洋邮轮被交战国征用并进行改装，用来运送士兵和军用物资，并发挥了重要作用。其中，冠达邮轮公司的“玛丽王后”号（R.M.S. Queen Mary）邮轮由于在二战期间的卓越贡献，受到英国首相丘吉尔的高度赞赏，在战后也受到乘客的追捧。二战结束以后，远洋邮轮又恢复了跨洋运输，直到喷气式飞机作为运输工具的出现。

经典邮轮赏析

船名：“玛丽王后”号（见图1-3）

船东：冠达邮轮

船长：310米

吨位：81 237吨

首航时间：1934年

退役时间：1967年

图1-3 “玛丽王后”号邮轮

“玛丽王后”号（R.M.S. Queen Mary）在当时是一艘非常现代化的邮船，其内部装修不像“诺曼底”号那样采用很多现代派手法，传统的英式装潢使其显得尊贵、豪华和舒适。二战前的黄金时代，“玛丽王后”号不断穿梭于南安普敦和纽约之间，成为追求时髦的欧美贵族、富商、社会名流们趋之若鹜的目标，船上的乘客名单如同欧洲的要人名录一般。

二战期间，“玛丽王后”号接受了战时改装，所有的高级家具、护墙板、帷幔、油画、吊灯、地毯……全部拆除，原有的油漆也被打磨光，漆成便于在海上隐蔽的灰色。“玛丽王后”号往返于大西洋的运输线上，先后运兵75万人。二战结束后，由于“玛丽王后”号在战争期间的卓越贡献，受到首相丘吉尔的高度赞赏：“由于两艘王后号邮船的卓越表现，运送了大量的人力和物力资源到欧洲战场，因此使得战争得以提前一年结束。”——这是对该邮船的最高评价。

随后，“玛丽王后”号在英国开始重新装修，恢复邮船的身份，整套的高级家具、地毯、硬木护墙板、吊灯、黄铜装饰、壁画、雕塑、游泳池、酒吧……又都回到船上。由于战争期间的卓越表现和非凡经历，战后搭载“玛丽王后”号邮轮横渡大西洋的乘客愈发增多。

1967年，“玛丽王后”号结束第1 001次横渡大西洋的航行，作为海上酒店与博物馆栖泊在美国加利福尼亚州的长滩（Long Beach），成为南加州最为著名的景点之一。

4. 第四阶段：20世纪60年代至21世纪初

20世纪60年代，航空公司开始了喷气式飞机飞越大西洋的商业性服务，使横渡大西洋的耗时由几天缩短为几小时，旅行变得更为方便快捷，追求时间和效率的旅客纷纷转乘飞机这种新型的交通工具。这使以交通为目的的船务公司感到了巨大压力。于是，众多船务公司开始谋求转型，寻求新的商业模式，而那种提供丰富的娱乐活动、美味可口的食物、优质完善的服务、快捷且方便的游船成为人们新的选择。这种游船不再有打包的货物运输，而是以游玩、休闲为重点，古板的房间变成了舞厅和赌场，同时还在船上安装了电梯、空调等现代设备。很多游客乐于选择这种旅行方式，且相信这种现代的船只会带领他们找到以往那种航海的感觉。到20世纪八九十年代，邮轮被越来越多的游客所青睐，邮轮旅游蓬勃发展起来，成为世界旅游休闲产业不可或缺的一部分。

时至21世纪的今天，冠达邮轮打造的超豪华的“玛丽王后2”号（R.M.S. Queen Mary 2）邮轮成为航行于横跨大西洋航线的唯一邮轮。邮轮不再是运输工具，也很少横跨大洋航行，这样便避免了风浪等危险；邮轮在航行期间更为频繁地停靠港口，既保证了物资的充足供给，又让游客玩乐而不感乏味。更重要的是，现代邮轮早已成为航行在水域的“五星级酒店”和“移动的度假村”。美国皇家加勒比游轮公司（Royal Caribbean Cruises Ltd.，RCCL）巨资打造的22万吨级姊妹船“海洋绿洲”号和“海洋魅力”号（Allure of the Seas）邮轮，大胆引入商业社区和中央花园的概念，让昔日的邮轮望尘莫及。高档的设施、丰富的娱乐项目，加上各邮轮公司精心开发的魅力航线，让乘坐邮轮成为今时今日最有诱惑力的旅行方式之一，每年都有成千上万的旅游者会选择搭乘邮轮去旅行。

从严格意义上来讲，现代“邮轮”实际上已经变成名副其实的“游轮”，主要以旅游休闲度假为目的，成为搭载人们进行旅游活动的载体。不过，绝大多数人还是习惯称之为“邮轮”，英文名称为 Cruise Ship。

想一想　“邮轮”与“游轮”有什么样的区别和联系？

二、邮轮的定义与分类

与传统远洋邮轮不同的是，现代邮轮是航行于水域、配备有较为齐全的生活与娱乐设施、专门用于旅游休闲度假的豪华船舶。

作为邮轮旅游的重要载体，现代邮轮带领人们前往世界上各个不同的旅游目的地。如今，各种新型的、吨位更大的、技术更先进的邮轮陆续投入使用。根据邮轮航行的区域，邮轮可划分为国际航线邮轮和海岸线邮轮两种类型；根据邮轮的功能特点，邮轮可划分为经典远洋邮轮（Classic Ocean Liner）、现代海上邮轮（Contemporary Cruise Ship）、近海游船（Small Cruise Ship）、内河游船（Riverboat）和游艇（Yacht）五种类型。

（一）经典远洋邮轮

一般来说，邮轮新旧的分界点是在 1970 年。第一次下水时间在 1970 年以前的邮轮通常被称为经典远洋邮轮，目前，在邮轮运营市场上已不多见。这些远洋邮轮曾经代表了一个辉煌的时代，船舶的尺寸和吨位较大，船体多为流线型，具有较强的抗风浪能力和较快的航行速度，适合在开阔的海洋上高速前进。

（二）现代海上邮轮

1970 年以后，邮轮的设计者们不再把速度作为邮轮建造的首要考虑因素。新型的海上邮轮被称为“漂浮的海上酒店”和“移动的度假村”，游客搭乘这些海上邮轮是为了享受闲适的海上假期。邮轮上一切娱乐设施应有尽有，能满足游客的各种需要。现代海上邮轮航行在浩瀚的大海上，其船型越来越美，体积越来越大，设施越来越齐全，活动越来越丰富，一些邮轮公司利用海上邮轮开辟了人迹罕至的南极线路，其航行的区域和范围也越来越广阔。现代海上邮轮一般投资较大，有的甚至高达十几亿美元，其技术含量代表着当今世界科技的前沿。

想一想　为什么称现代海上邮轮为“漂浮的海上酒店”和“移动的度假村”？

（三）近海游船

与现代海上邮轮相比，还有一些具有旅游功能、规模较小的游船。这些游船通常不会横渡海洋，而以最普通的方式绕圈行驶，起点和终点通常是在同一个港口，旅程也比较短。尽管体积较小、载客量不多，同时缺少丰富多彩的船上集体娱乐活动，但这些游船独具的自身优势主要是，除经营灵活之外，还可到达一些大型海上邮轮因吃水较大而无法驶入的浅水区域，使游客得以欣赏到独特的秀美风光。

（四）内河游船

内河游船是航行于江、河、湖泊的游览性船舶。内河的风浪较小，所以内河游船的船体结构均弱于海船。有的内河航道有急转弯，有的内河航道水浅且水流湍急，所以内河游船的船长和吃水受到很多限制，而且要求有较好的敏转性。

欧洲很多富有传奇色彩的内河，诸如莱茵河、多瑙河、伏尔加河等都航行着很多内河游船，成为内河上一道绮丽的风景线。中国的长江、漓江等内河沿线也分布着很多游船公司，为游客提供短途的内河游览服务，大力发展内河游船旅游。

经典邮轮赏析

船名：“维多利亚·凯珍”号（见图 1-4）

长度：133.8 米

宽度：18.8 米

吨位：10 668 吨

载客量：378 人

首航时间：2009 年 9 月

图 1-4　“维多利亚·凯珍”号邮轮

“维多利亚·凯珍”号游船航行于长江之上，整体布局华贵典雅，灯光、色彩统一协调，如同漂浮在水上的超豪华酒店，拥有 2 套总统套房、3 套豪华套房、35 套行政套房以及 160 间标准房。游船两侧，首次在内河游船中安装了 4 台从 1 楼至 6 楼的全透明观光电梯，游客不仅能非常方便地上下楼层，还能同时感受江岸的迤逦风光。全船客房都配有独立的观景阳台，给游客提供了一个舒适的个人休闲空间。该船是长江上第一艘使用五星级酒店管理系统的游船，该系统将船上的各个部门智能化连接起来，使游客可以享受到更加快捷、准确的服务。

做一做　搜集在长江上航行的内河邮轮资料，分析并讨论内河邮轮的发展趋势。

（五）游艇

游艇是一种水上娱乐用高级耐用消费品，它集航海、运动、娱乐、休闲等功能于一体，满足个人及家庭享受生活的需要。在发达国家，游艇像轿车一样多为私人拥有，而在发展中国家，游艇多作为公园、旅游景点的经营项目，供人们消费。

游艇可以开展观光、考察、探险等旅游活动，若与海岸上的旅游资源相结合，还可以形成海陆联动的空间开发模式，形成新的旅游目的地。游艇休闲服务的发展空间很大，现有的陆地上的休闲项目都可以转移到海上，这样会产生意想不到的效果，使休闲活动提升到更精致的层面。游艇运动发源于17世纪英国贵族阶层，但目前已逐渐呈现出平民化的发展趋势。中国是全球游艇保持迅猛增长的市场，并且在今后的若干年内，还会继续保持这个增长势头。

资料卡

“海上行宫”——游艇

游艇素有“海上行宫”之称，它是上流社会地位和身份的标志。玩私家游艇如同驾驶私家飞机和圈岛屿当“岛主”一样，已成为当代富豪们的新游戏。

世界上最早的游艇诞生于300多年前的英国。1660年，英国查理二世复辟王位，有人给他献上了一艘狩猎用船，名叫“YACHT”。在此之前，船只均为实用而制造。“YACHT”出现之后才有了供人游乐的帆船，故称它为游艇的祖先，查理二世则顺理成章地成为游艇一族的始祖。到18世纪，英国及欧洲的王宫富豪竞相以游艇来夸耀自己的富有和地位，且蔚然成风。毫无疑问，游艇并非大富翁的专利，有些收入颇丰的中产阶级也可拥有私人游艇，或全家出海旅游，或招待亲朋好友出游。

按照尺寸的大小，游艇可分为大型游艇、中型游艇和小型游艇；按照功能分类，运动型游艇也可以称之为快艇。因其速度较快，价格较低，故在年轻人中间非常有市场；休闲型游艇大多数为家庭购买，作为家庭度假所用，一般为中型游艇；商务游艇一般是大尺寸的游艇，里面装饰豪华，也可以说是豪华游艇。

资料来源：李敏. 轮船与水上交通工具的故事. 大连：大连出版社，2009.

子模块二　现代邮轮旅游业

学习与训练子目标

- 掌握邮轮旅游业的定义、构成及其经济贡献
- 熟悉世界邮轮旅游业的发展历程、现状与发展趋向
- 了解中国邮轮旅游市场的发展潜力、存在问题与前景展望

邮轮旅游是国际旅游市场上的一项高端旅游项目。过去的几十年里，各大邮轮公司所经营的船只往返于世界最美丽的航线，搭载着游客进行两三天的短途旅游或长达三个

月的长途度假。邮轮上的住宿、餐饮、健身、娱乐等多种活动项目满足了各种年龄层次的游客的需求，邮轮旅游被认为是休闲度假和观光游览的完美结合，促使全球邮轮旅游业彰显出勃勃的生机与活力。

一、世界邮轮旅游业的发展

（一）邮轮旅游业基础

1. 邮轮旅游业的定义

邮轮旅游业是介于交通运输业与休闲旅游业之间的一种边缘产业。广义上看，邮轮旅游业包括以邮轮为核心的观光旅游、船舶制造、交通运输、港口服务、商业购物、金融保险等一系列相关产业；狭义上看，邮轮旅游业是邮轮从港口出发到抵达目的地港口期间，为游客提供食、住、行、游、娱、购等一系列产品与服务交易的产业集合。

2. 邮轮旅游业的构成

与其他行业不同，邮轮旅游业不是一个单一产业，而是由多种产业组成的产业群，具有多样性与复合性。从国际经验来看，邮轮旅游业的发展能够自然形成一条相互依托的产业链。

（1）邮轮的设计与建造。造船技术是邮轮产业的基础，从某种意义上代表了每个阶段人类生产力的水平，而邮轮的建造与维修又刺激了现代造船工业的发展。现代邮轮对专业性、安全性和豪华性的要求非常高，其造价也远远高于一般的客运船舶。

（2）邮轮的经营与消费。为邮轮服务的各项产业，如餐饮、酒店、港口、旅游景点乃至农业，都面临较大的市场机遇。邮轮到港的城市随之成为国际消费群体的集散地。一般来说，一艘邮轮载有相当于 6 架波音 747 飞机的游客，且主要目标是旅游消费，这对于提升一个城市的消费量和消费水平作用巨大。

（3）码头区域的配套建设。包括邮轮专用码头、港区配套设施以及其他相关基础设施的建设。最基本的设施与服务包括停靠、上下客、补给、废品处理回收、物流系统等。邮轮旅游业本身具有集聚性的特点，优质邮轮母港能吸引更多邮轮集聚本港，而多艘邮轮的集聚又大大促进该地区邮轮经济的快速发展，带动和促进相关产业的发展。

（二）邮轮旅游业的经济贡献

邮轮旅游业的发展具有深远的意义。从社会的角度看，生命起源于海洋，人类繁衍于陆地。随着人类文明的发展，人们开始乘坐邮轮向海洋文明回归，其精神、文化的需求能够更好地得到满足。从经济的角度看，邮轮旅游业通过带动相关产业发展，促进其所在国家及城市提高创汇能力、扩大市场消费、增加就业机会、展示国际形象，创造良好的经济效益和社会效益。

1. 邮轮旅游业的直接经济贡献

邮轮公司及乘客在港口城市和周边地区购买产品和服务所带来的消费，构成了邮轮旅游业的直接经济贡献。如表 1-1 所示。

邮轮旅游业的直接经济贡献是邮轮旅游业对当地经济所产生的初始或者第一轮影响。有关数据表明，无论邮轮本身还是邮轮上乘客的消费量均相当惊人。

表 1-1 邮轮旅游业直接经济贡献

贡献者	经济贡献项目	具体内容
邮轮公司	政府财政收入	港口使用费（船舶吨税、拖船费、搬运费等）
		支付政府税收（所得税、法人税、关税和离境税等）
	社会	保证船舶供应购买的商品与服务
		邮轮维修保养支出
		办公运作费用、市场营销费用和员工工资等
邮轮乘客	政府财政收入	游客直接支付的税款（港务费、燃油附加费等）
	社会	旅游相关支出费用（娱乐、购物、住宿等）

2. 邮轮旅游业的间接经济贡献

邮轮旅游业的间接经济贡献是指为邮轮公司及其乘客提供产品和服务的企业在开展经营活动时还要接受其他供应商和第三产业的服务，而相关产业还要雇佣一定数量的员工，从而带来更多的就业岗位以及更多的消费，这是对当地经济产生的第二轮影响。这种间接经济贡献效应通过相关产业之间的关联一环一环地不断传递下去。

近年来，邮轮旅游业对全球经济继续做出重要贡献，成为旅游业中唯一持续增长的部分。据统计，2007 年，美国的邮轮乘客总数为 918 万人，获得的总体邮轮经济收益为 380 亿美元，创造的就业岗位为 35.5 万个，雇员的总工资收入为 154 亿美元；其中，直接经济贡献为 187 亿美元，直接提供就业岗位 15.8 万个，直接雇员收入为 60 亿美元。

欧洲邮轮理事会在比利时布鲁塞尔发布的《2010 邮轮旅游贡献年度报告》显示，2010 年，乘坐邮轮旅游的欧洲人数大约为 550 万，占全球乘坐邮轮旅游乘客总数（1 880 万人）的 30%，欧盟各国乘坐邮轮旅游的游客最多的国家为英国 160 万人，德国 120 万人，意大利 89 万人，西班牙 64.5 万人。2010 年，欧洲邮轮旅游业给欧洲整个经济带来了直接和间接收入 352 亿欧元，其中 140 亿欧元为直接收入。在扩大船队方面，2011 年至 2014 年，欧洲船厂将建造 23 艘新邮轮，总投资将近 110 亿欧元。邮轮旅游业还对就业产生了非常大的影响，为欧洲带来 30 万人的就业岗位。

想一想

邮轮旅游业为什么被称为“漂浮在黄金水道上的黄金产业”？
邮轮旅游业可以带动哪些相关产业的发展？

（三）世界邮轮旅游业的发展历程与现状

尽管邮轮早在 19 世纪上半叶就已出现，但邮轮旅游作为一项产业却是在 20 世纪 60 年代以后才逐步兴起并发展起来的。

1. 世界邮轮旅游业的发展历程

（1）引进期（20 世纪 60 年代末至 70 年代初）。随着喷气式飞机的投入运营，邮轮客运量的下降催生了海上客运向海上旅游的转型。1966 年秋天，总部设在美国迈阿密的挪威邮轮公司（Norwegian Caribbean Line，NCL，后更名为 Norwegian Cruise Line）成立，首艘“向阳”号（Sunward）邮轮投入运营，这标志着现代邮轮旅游业的诞生。此后，美国皇家加勒比邮轮公司、嘉年华邮轮集团（Carnival Corporation & PLC）以及 P&O 公司等相继正式组建各自的邮轮船队，推出一系列邮轮旅游产品，这些邮轮旅游产品所包含的内容已经具备了今天的雏形。这一时期，人们对邮轮有了一定的了解，邮轮旅游目标市场以本国游客为主，航线观光也是以本国观光地作为基本港，邮轮航行不再仅仅是航运的概念，已经成为旅游休闲产业的一个有机组成部分。

（2）成长期（20 世纪 80 年代至 90 年代中期）。进入 20 世纪 80 年代，人们对现代邮轮的认识逐渐提升，邮轮市场出现日益丰富的旅游选择。这一时期，美国嘉年华邮轮集团快速发展壮大，主要以引进二手改装船的方式进入加勒比海市场角逐，并采用强劲的广告攻势，结合有竞争力的价格策略，成功地撬开了大规模的青年消费市场。与此同时，邮轮市场开始高度细分，提供的产品与服务也不断丰富，人们对邮轮旅游的需求逐步增大。这一阶段，邮轮目标市场以本国游客为主，同时国际游客数量增加，航线观光从以本国观光地为基本港向其他地区港口延伸。

（3）成熟期（20 世纪 90 年代中晚期至今）。20 世纪 90 年代中晚期至今，邮轮旅游市场的发展进入成熟期，邮轮旅游业呈现较为繁荣的局面。这一时期，邮轮航线的平均航程达到 6～8 天，停靠的目的港不断增多，航线安排灵活多样，价格逐年下降，行业集中程度高，行业经营的规模经济明显，从而撬开了邮轮旅游向大众化和年轻化方向发展的通道，越来越多的游客成为邮轮产品的消费者。全球邮轮公司不断投入新船，邮轮产品种类繁多，市场分割加剧，竞争激烈。

2. 世界邮轮旅游业的现状

作为旅游业中增长最快的业务，邮轮旅游正从精英消费走向大众消费。据统计，全球邮轮旅游市场的游客人数已由 1996 年的 680 万人次增长至 2010 年的 1 800 万人次。新的邮轮不断被投入运营，新的邮轮母港和挂靠港不断建立，新的旅游目的地和旅游航线不断开辟，邮轮旅游产业总体上实现了持续增长。

尽管世界邮轮旅游业迅猛发展，但目前还存在邮轮旅游业发展不均衡的问题。

（1）邮轮旅游客源市场主要集中在北美地区。以美国为首的北美地区人均收入较高，仍然是世界上最大的邮轮客源市场。每年从北美地区出发的邮轮旅游游客占世界邮轮游客总数的 70%以上。欧洲参加邮轮旅游游客人数居于全球第二，亚非地区邮轮旅游人数较少。

（2）邮轮的设计与制造由欧洲独占鳌头。受规模经济效益的驱使，邮轮设计与制造的发展趋势是设备一应俱全的超大型邮轮，在资金、技术和设计方面都有很高的要求。全球邮轮建造市场上掌握核心技术的造船厂主要集中在意大利、芬兰、法国、德国等欧洲国家。近年来，韩国在政府的强力支持下，也开始向邮轮制造业发展。

（3）三大邮轮公司的市场份额呈现垄断性特征。美国嘉年华邮轮集团、美国皇家加勒比邮轮公司以及云顶香港有限公司（Genting Hong Kong Ltd.，前称丽星邮轮公司）的载客能力占整个邮轮行业的 80%以上，呈现出明显的寡头垄断结构特征。

欧美地区的邮轮旅游业发展较早，经济发展水平以及政府政策支持，均为邮轮产业的发展起到了重要的促进作用。亚太地区起步较晚，但上升和发展的空间很大。近年来，邮轮旅游业战略东移的迹象明显。

做一做

搜集某欧美邮轮公司近三年来的航线布局，分析其邮轮航线主要分布在哪些区域？航线布局近三年来有什么样的变化？

3. 世界邮轮旅游业的发展趋向

展望未来全球邮轮旅游市场，仍然呈现乐观的发展态势。邮轮旅游所提供的独特与综合选择使其魅力依旧，未来仍将是一个年轻而具吸引力的国际化产业。

（1）在所有形式的度假旅游中，邮轮度假的顾客重游率最高，规模经济会继续推动大范围邮轮旅游价格的下降，反过来又会促进邮轮市场的更加大众化和年轻化趋势。

（2）全球邮轮旅游市场的寡头垄断格局还将继续。三大邮轮集团公司高度掌控市场的程度有增无减。小型邮轮公司也会灵活经营，在市场的利润空间方面拥有成长前景。

（3）北美市场仍将是世界邮轮旅游的主要市场，加勒比海地区将继续保持世界首选邮轮旅游目的地的地位，欧洲、东南亚市场将相继出现稳定快速的增长势头。

总而言之，规模经济将继续推动世界邮轮越来越走向大型化，未来的邮轮旅游产品消费与选择也将更加多样化。

资料卡

国际邮轮协会

国际邮轮协会（Cruise Lines International Association，INC.，CLIA）成立于 1975 年，是目前世界上最大的邮轮协会，主要致力于促进世界邮轮产业的发展，是联合国机构下的非政府咨询组织。其标志如图 1-5 所示。

图 1-5　国际邮轮协会标志

二、中国邮轮旅游业的发展

中国的港口接待国际豪华邮轮始于 1978 年。此后，虽然有国际豪华邮轮频繁停靠沿海港口，但是以大陆居民作为服务对象的海上邮轮旅游的兴起则不过短短几年时间。随着中国国民经济的快速发展以及国民收入的不断增加，邮轮旅游这一高端的旅游方式逐步走入人们的生活。

（一）中国邮轮旅游业的发展历程

中国邮轮旅游业的发展经历了如下两个阶段：

1. 改革开放之初至上世纪末——中国邮轮旅游业的起步阶段

自 1978 年中国改革开放以来，中国港口开始接待远洋型的国际豪华邮轮，但接待市场不稳定，变化比较大。当时，除缺乏专用的邮轮码头以及系统的配套设施之外，相关的软件服务难以达到服务水准，诸如通关效率低、联检协调度差等。搭乘豪华邮轮而来的国际游客在岸上停留的时间短、花费少，相应的产业拉动作用比较小；国内游客对邮轮的认知度比较低，邮轮旅游市场尚未形成。

进入上世纪 90 年代，随着人民生活水平的不断提高，旅游业作为新兴的“朝阳产业”得以快速的发展，但邮轮旅游却并未引起人们的普遍关注。国际邮轮来到中国，仅在沿海港口短时间停靠；中国游客参加国际邮轮旅游也只能先搭乘飞机前往国外的港口登船。在中国的沿海港口及长江等内河航线上，虽运营着一些近海游船和内河游船，但这些游船的规模较小、娱乐设施相对较少，尚处于交通观光旅游向主题观光旅游的过渡阶段。

2. 进入 21 世纪至今——中国邮轮旅游呈强劲上升态势

2002 年，由深圳中达（集团）股份有限公司投资建造的“假日”号邮轮起航，开辟了上海至香港的海上旅游专线，被誉为中国第一艘海上豪华邮轮。“假日”号邮轮是在一艘使用年限不足十年的客轮的基础上，按照五星级酒店的标准建造起来的，可容纳 400 多人享受海上度假的惬意。尽管“假日”号与欧美豪华邮轮相距甚远，但为中国游客开创了一种全新的国内休闲度假生活方式。

随着中国经济取得了令人惊叹的高速增长，中国市场愈来愈受到世界邮轮公司的重视。2005 年 4 月，美国嘉年华邮轮集团旗下的“蓝宝石公主”号（Sapphire Princess）邮轮满载 2 600 名欧洲游客在天津登陆并游览北京，同时嘉年华集团以优惠的价格向中国游客销售最畅销的北欧航线和地中海航线的船票，真正意义上的豪华邮轮开始进入人们的视野。

2005 年 5 月，美国嘉年华邮轮集团旗下的意大利歌诗达邮轮公司在上海成立办事处。2006 年 7 月，“歌诗达爱兰歌娜”号（Costa Allegra）邮轮以上海作为基本港首航。作为第一家在中国设立常规航线的国际邮轮公司，歌诗达邮轮公司相继开辟了以上海、天津和香港三大港口城市为母港的不同航线，以满足中国邮轮游客日渐增长的需要。此外，美国皇家加勒比邮轮公司也陆续将“海洋神话”号（Legend of the Seas）邮轮和“海洋航行者”号（Voyager of the Seas）邮轮驶入中国，为中国市场开辟新的航线。

随着国际邮轮对中国市场的关注，我国选择邮轮旅游的乘客也日益增多。中国交通运输协会邮轮游艇分会（CCYIA）的统计数据表明，2010 年，乘坐邮轮赴海外旅游的出入境游客达到 79 万人次，比 2009 年的 65.8 万人次增长 20.1%，乘坐国际邮轮来华的入出境国际游客为 46.2 万人次，同比增长 15.5%。2010 年，中国共接待国际豪华邮轮 223 航次，与上年同比增长 42.9%；其中，以我国沿海城市为出发港的国际邮轮客班轮，全年 95 个航次，同比增长 18.8%；访问我国沿海城市的国际邮轮，全年 128 个航次，同比增长 68.4%。不难看出，中国邮轮旅游已经呈现强劲的上升势头。

经典邮轮赏析

船名：“歌诗达爱兰歌娜”号（见图 1-6）

船东：意大利歌诗达邮轮公司

船长：188 米

船宽：26 米

载客量：1 000 人

船员：416 人

吨位：28 500 吨

首航时间：1992 年

图 1-6 “歌诗达爱兰歌娜”号邮轮

“歌诗达爱兰歌娜”号（Costa Allegra）邮轮有“水晶之船”的美誉，是第一艘以中国港口作为母港的国际豪华邮轮。

“歌诗达爱兰歌娜”号虽然只能承载 1 000 名游客，但却充满意大利式的想象力。船上有大理石手工雕刻而成的桃树与玫瑰、用上等木料装饰的墙壁以及以著名的印象派画家命名的甲板。玻璃中厅高达三层甲板，而穹顶无论白天或黑夜皆可打开，可仰望 360 度全景天空景色，同时也成为下面公共区域梦幻般的天窗。来自不同国家的 400 多位工作人员为中国游客提供高标准服务，得到中国消费者的认可与喜爱，消费者满意度高于 98%。

想一想 中国邮轮旅游业发展的重要驱动力是什么？

（二）中国邮轮旅游业的发展前景

2006 年，中国邮轮游艇发展大会在上海国际会议中心举行，邮轮产业被列为国家的鼓励产业。2008 年北京奥运会和 2010 年上海世博会的顺利举行又为中国邮轮业的发展注入了强大动力。中国的邮轮旅游虽然起步较晚，但发展迅速，未来发展潜力巨大。

1. 中国邮轮旅游市场潜力巨大

中国邮轮旅游市场具备诸多优越条件，包括旅游业快速发展、居民可支配收入提高、开放的旅游政策、基础设施的改善、服务业的发展以及众多的旅游景点和名胜古迹等。具体来说，包含以下几个方面：

第一，已经形成的一批中产阶层和富裕阶层具备了邮轮旅游的条件。

根据发达国家经验，在人均 GDP 达到 6 000～8 000 美元时，邮轮产业将进入快速增长期。目前，我国的上海、北京、天津 3 个直辖市的人均 GDP 均已超过 6 000 美元，浙江、江苏、广东等省的人均 GDP 已达 5 000 美元，这些城市和地区已经形成一批中产阶层和富裕阶层，客观上具备了邮轮旅游的物质基础。与此同时，中国居民开始了解、接受邮轮旅游的理念。上海港、天津港开辟的日韩航线，98%以上为国内游客，部分旅客还到马来西亚、新加坡、中国香港等地乘邮轮进行印度洋、东南亚海上旅游。世界旅游组织的数据显示，预计 2020 年出境旅游的中国内地居民将超过 1 亿人次，中国将成为世界上最大的旅游目的地。如果有 5%的出境中国游客选择乘坐邮轮旅行，就将是一个相当可观的数字。

第二，自然和人文景观丰富，国际地位提高，有条件成为邮轮旅游目的地。

我国是一个国土辽阔的海洋国家，东临太平洋。自北向南，海岸线全长 1.8 万多公里，沿海有大小岛屿共 5 000 多个。渤海、黄海、东海和南海总面积 470 万平方公里。根据《联合国海洋公约》的规定，我国可以管辖 300 万平方公里左右的海域，海洋国土相当于我国陆地国土面积的三分之一。绵长的海岸线以及丰富的自然、人文景观有利于发展各种层次的邮轮旅游。

第三，港口条件良好。

我国沿海分布了许多著名港口，有得天独厚的水深条件，基础设施较完备，港口服务费用也大大低于发达国家。近年来，我国许多沿海港口城市已把邮轮产业作为推动城市经济发展新的动力点，加快邮轮码头和基础设施建设，积极为邮轮经济的发展创造条件和环境。从硬件上说，我国已经初步具备了大力发展邮轮旅游的条件。

第四，相关的政策机制已经启动。

2008 年 6 月，国家发展和改革委员会下发《关于促进我国邮轮业发展的指导意见》，作为第一个引导和鼓励邮轮产业发展的部级文件，从宏观上初步确定了我国邮轮业发展的指导思想、基本原则、总体目标和主要任务。相关部门就优化通关边检手续、规范国际客轮代理、邮轮港安保标准等方面进行专题研究，出台了一批新的、符合生产力发展趋势的法规、政策。

目前，中国邮轮旅游市场越来越受到世界邮轮界的关注，国际邮轮产业正将发展重点转向中国以及亚洲这一新兴市场，美国嘉年华邮轮集团、美国皇家加勒比邮轮公司、丽星邮轮等世界各大邮轮公司纷纷抢滩中国，寻找新的发展空间。在快速增长的旅游业带动下，我国邮轮市场日益成熟，在国内外邮轮界产生了广泛的影响。

2. 中国邮轮旅游业存在的问题与展望

（1）存在的主要问题。近年来，我国很多沿海城市纷纷加大邮轮港口建设的投资力度，力求从邮轮经济的巨大利益中分取一杯羹。然而，目前我国邮轮旅游市场的发展现状仍存在一些不可忽视的问题，主要是中国在全球邮轮市场中所占的份额较小。溯其主要根源，一是需求方面的原因，如我国居民消费水平整体偏低，较难负担邮轮旅游的高额费用支出，且对邮轮旅游的概念和消费内容比较模糊；二是供给方面的原因，如缺少适合豪华邮轮停靠的专用码头和标准邮轮码头，缺少一系列与邮轮游客配套的服务和设施，缺乏符合国际惯例的出入关程序和口岸管理条例，缺乏拥有跨洋航线的大型邮轮公司，缺乏邮轮经营与管理的人才等等。

（2）未来前景展望。虽然中国内地邮轮产业仍处在感知和认识阶段，但其发展前景却十分乐观。由于国家政策的支持和各地财政的投入，加上邮轮公司与旅游企业联合开拓客源市场，中国邮轮旅游业正在进入发展的黄金时期，成为全球邮轮市场增长的新兴力量。与此同时，伴随中国海洋经济的发展和民众海洋意识的增强，公众对海洋的关注程度更为提高，中国近海邮轮旅游业也会得以迅速发展，很多客船正在逐步转化成游船形式，未来必将形成规范的邮轮运营模式。

思考与训练

一、单项选择

1. 19 世纪上半叶，成立的世界上第一家邮轮公司是_________。

A. 英国白星航运公司　　B. 冠达邮轮

C. 铁行邮轮　　D. 歌诗达邮轮

2. 从历史的进程上看，邮轮公司从交通服务向休闲旅游服务转变的转型过渡期是在_________。

A. 20 世纪 30 至 40 年代　　B. 20 世纪 40 至 50 年代

C. 20 世纪 60 至 70 年代　　D. 20 世纪 80 至 90 年代

3. 按照功能和特点进行划分，“海洋绿洲”号邮轮属于_________。

A. 经典远洋邮轮　　B. 现代海上邮轮

C. 近海游船　　D. 内河游船

4. 第一艘以中国港口作为邮轮母港的国际豪华邮轮是_________。

A.“海洋神话”号　　B.“玛丽王后”号

C.“爱兰歌娜”号　　D.“海洋航行者”号

5. 当前，邮轮设计与制造技术主要被_________垄断。

A. 亚洲　　B. 美洲

C. 欧洲　　D. 大洋洲

二、问题简答

1. 什么是邮轮？如何区别邮轮、游轮与客轮？

2. 按照功能和用途进行划分，现代邮轮可以分为哪几种类型？请简述每一种类型的特点？

3. 请简要分析邮轮旅游业为什么被誉为“漂浮在黄金水道上的黄金产业”？
4. 世界邮轮旅游业的发展历程是怎样的？其未来发展趋势如何？
5. 如何看待我国邮轮旅游业的发展现状？其未来发展趋势如何？

拓展阅读

关于邮轮

邮轮是进行娱乐性航行的客船。船只本身、船上设施以及沿途停靠的不同目的地都是邮轮旅游的重要组成部分。对于邮轮而言，交通运输并不是主要目的，游客搭乘豪华邮轮从港口出发，可以访问陆地上一些特定目的地，然后再返回出发港。

相比较而言，远洋班轮则是以交通运输为目的，将乘客从一个港口转移到另一个港口。通常情况下，进行跨洋运输的远洋班轮一般比邮轮有更高的建造标准，比如要有更高的干舷和更强的电镀层来经受波涛汹涌的海面以及在北大西洋这样开阔的海洋中所遇到的不利条件。与邮轮相比，远洋班轮对燃料、食物以及其他储存有更高的要求，以备长时间航行所需。

远洋班轮一般比较豪华，但是其燃料消耗量大，较深的吃水深度无法进入狭长的港口，封闭防水甲板不适合热带气候，客舱的设计旨在提升搭载乘客数量而非舒适度，因此不适合进行海上旅游。现代邮轮的适航性不如远洋班轮，但是增加了更多的娱乐设施，近期的部分船舶还被设计为浮动的阳台公寓。

尽管远洋班轮和邮轮在设计建造上存在一定的差异，但是在安排部署上却大同小异。大型邮轮进行长途跨洋航行，因此在几个月内不会回到相同的港口。一些早期的远洋班轮如同邮轮一样搭载游客，比如“马可波罗”邮轮和“蒙娜丽莎”邮轮，但这个数量正在递减。截止到2010年2月，仅有冠达邮轮公司的“玛丽王后2”号邮轮如同班轮一样，经营横跨大西洋航线。

邮轮旅游已经成为旅游业的重要组成部分，2011年，为美国带来29.4亿美元的收入，全球有超过1 900万游客参加了邮轮旅游。自2001年以来，每年至少新增9艘邮轮来满足北美市场的需要，另有一些满足欧洲市场，而在亚太地区运营的，多半是较旧的邮轮。

当前，全球最大的邮轮是皇家加勒比国际邮轮公司的“海洋绿洲”号邮轮和其姐妹船“海洋魅力”号邮轮。

资料来源：http://en.wikipedia.org/wiki/Cruise_ship

专业英语词汇

amenities	令人愉快的事物
cruise ship	邮轮，游轮
cruise industry	邮轮产业
ocean liner	远洋班轮，远洋定期客轮
passenger ship	客轮，客船

riverboat	内河游船
R.M.S.（Royal Mail Ship）	皇家邮政船
steamship	轮船，汽船
vessel	船，舰
yacht	游艇

模块二

现代邮轮的构造与设施

学习与训练总目标

- ◆ 掌握现代邮轮的主要衡量指标和等级评定标准
- ◆ 熟悉现代邮轮的功能区域划分和主要设施设备
- ◆ 了解现代邮轮的船舱透视图和甲板分布图
- ◆ 了解现代邮轮的建造情况

课前阅读

全球造船企业承接百亿元邮轮订单

2010 年 9 月，德国汉堡举行了第 24 届国际造船博览会，邮轮建造成为此次博览会的焦点。来自 60 多个国家的 2 000 多家造船公司参会，其中包括意大利芬坎特里造船厂、德国迈尔造船厂和 STX 欧洲船厂等著名邮轮建造企业。

当前，国际旅游市场对邮轮需求很大。截至 2010 年 4 月，全球船厂一共接到 25 艘豪华邮轮订单，总计 215 万吨，订单价值 148 亿美元。2009 年 5 月，STX 欧洲船厂首席执行官宣布将 STX 欧洲船厂打造成全球邮轮和海洋工程船舶建造的领军企业。2009 年底，三星重工宣布成为韩国第一家开工建造邮轮的造船厂，开创韩国建造邮轮的新时代，并被美国乌托邦（Utopia Residences）公司选为建造一艘耗资 11 亿美元的公寓式远洋邮轮的造船厂。据介绍，公寓式邮轮客舱面积从 130 平方米到 613 平方米不等，半数以上的豪华客舱将作为漂浮的住宅出售，邮轮上还将建造高档豪华酒店、赌场、温泉水疗中心、电影院、夜总会、特色餐厅和私人俱乐部等，计划 2013 年交付使用。此外，中国、日本等亚洲造船国也瞄准豪华邮轮建造市场。日本三菱重工旗下的长崎造船厂曾建造“钻石公主”号豪华邮轮，在邮轮建造方面取得了一定的经验。

有关数据表明，全球邮轮经济正在迅速增长。截至 2010 年，全球邮轮船队一共拥有豪华邮轮 280 艘左右，2015 年将达到 300 艘，届时搭载邮轮出游的游客将达到 2 000 万人以上。随着人们对邮轮旅游需求的日益增加，对豪华邮轮的结构与建造提出了更高的要求，邮轮建造企业也将承担更为重要的历史使命，通过技术革新来推动豪华邮轮建造市场的发展。

资料来源：http://www.eworldship.com/news/default_show.asp?id=19045

阅读思考

现代邮轮的构造与设施有哪些特殊之处？当前邮轮建造市场的发展状况如何？

子模块一　现代邮轮的构造

学习与训练子目标

- 掌握现代邮轮的主要衡量指标
- 熟悉现代邮轮的等级评定标准
- 了解现代邮轮建造市场的发展状况

现代邮轮作为游客旅游度假活动的重要载体，其规格大小和设施配备是影响游客体验的主要因素。规格较大的邮轮拥有宽敞的住宿体验、多样的就餐选择和丰富的娱乐活动项目，规格较小的邮轮可以集中精力为游客提供优质的服务和独特的航行体验。尽管规格大小不同，现代邮轮的主要结构却大同小异，业界也有一些通用的衡量指标。

一、现代邮轮的衡量指标

（一）邮轮尺寸与吨位（Dimension and Tonnage）

1. 邮轮主尺寸（Main Dimension）

现代邮轮的规格大小可以用长度（Length）、宽度（Width）、水面高度（Height）和吃水深度（Draught）等主尺寸来初步进行衡量。

（1）邮轮长度，表示邮轮从首端（Fore）至尾端（Aft）的最大水平距离。

（2）邮轮宽度，表示邮轮的型宽，通常是船舶最宽地方的尺寸。

（3）水面高度，表示邮轮顶部至船体与水面相连处的垂直距离。

（4）吃水深度，表示邮轮底部至船体与水面相连处的垂直距离。吃水深度用来衡量邮轮在水中的位置，同时间接反映邮轮在行驶过程中所受到的浮力。邮轮的吃水深度越大，表明船体载重能力越大。

想一想

邮轮的长度、宽度、水面高度与吃水深度等主尺寸之间有什么样的关联？

2. 邮轮吨位（Tonnage）

除了长度、宽度等主尺寸之外，邮轮吨位同样是邮轮大小的计量单位。船舶吨位种类复杂，总体来说包括重量吨位（Weight Tonnage）和容积吨位（Volumetric Tonnage）两种类型。

（1）重量吨位。重量吨位分为排水量吨位（Displacement Tonnage）和载重吨位（Dead Weight Tonnage, D.W.T.）两种。

① 排水量吨位，表示邮轮在水中所排开的水的吨数，也是邮轮自身重量的吨数。在造船时，依据排水量吨位可以知道该船的重量。

② 载重吨位，表示船舶在营运中能够使用的载重能力，即船舶所能装载的最大限度的重量。

（2）容积吨位。容积吨位是表示船舶容积的单位，也称为注册吨位（Registered Tonnage），容积吨位本身不是涉及重量的术语，而是按照每吨位 100 立方英尺（约 2.83 立方米）计算。常见的容积吨位衡量指标有总吨位（Gross Tonnage）、净吨位（Net tonnage）和注册总吨位（Gross Register Tonnage，GRT）三种类型。

① 总吨位，表示船舶内以及甲板上所有围蔽空间的容积总和。

② 净吨位，表示总吨位减去为船员居住区、燃料舱、机舱、驾驶台、物料房等所保留空间的容积总和。

③ 注册总吨位，表示邮轮按照其登记证书所记载的容积。注册总吨位是邮轮最常用的衡量指标，也是业界划分邮轮大小的重要依据。

按照邮轮的注册总吨位，现代邮轮分为微型（Very small）、小型（Small）、中型（Medium）、大型（Large）、超大型（Megaship）五种类型，如表 2-1 所示。

表 2-1　　按照注册总吨位（GRT）划分邮轮

邮轮类型	邮轮注册总吨位（GRT）
微型邮轮（Very small）	10 000GRT 以下
小型邮轮（Small）	10 000～20 000GRT
中型邮轮（Medium）	20 000～50 000GRT
大型邮轮（Large）	50 000～70 000GRT
超大型邮轮（Megaship）	70 000GRT 以上

随着科学技术的不断进步，船舶可以获得极好的操纵性，越来越多的邮轮建造商都把焦点集中到大型化上，邮轮的注册总吨位不断被刷新。2004 年，15 万吨级的“玛丽王后 2”号邮轮的首航还让人记忆犹新，2009 年和 2010 年美国皇家加勒比邮轮公司 22.5 万吨级的超大型邮轮“海洋绿洲”号邮轮和“海洋魅力”号邮轮又相继下水。邮轮大型化已经成为未来邮轮发展的重要趋势，7 万吨级的邮轮在不久的将来将仅仅属于中型邮轮的范畴。大型邮轮能够提供更多的娱乐活动，能够给游客带来超凡的体验，在水上航行也更加平稳，但小型邮轮同样以其精巧和特色吸引着追求个性的邮轮客人，在邮轮旅游市场中占据一席之地。

（二）邮轮容量和空间比率（Capacity & Space Ratio）

1. 容量（Capacity of Cruise Ships）

一般情况下，邮轮容量是从邮轮的载客数量（Numbers of Passengers，PAX）和客舱数量（Numbers of Cabins）的角度进行描述。

（1）载客数量。邮轮载客数量是指邮轮所能容纳的游客人数，但不包括船员和服务人员在内。

按照邮轮的载客数量，可以将其划分为大型邮轮（Large）、中型邮轮（Medium）和小型邮轮（Small）三种类型。如表 2-2 所示。

表 2-2　　按照载客数量（PAX）划分邮轮

邮轮类型	邮轮载客数量（PAX）
大型邮轮（Large）	2 000 人以上
中型邮轮（Medium）	1 000～2 000 人
小型邮轮（Small）	1 000 人以下

（2）客舱数量。除了载客数量之外，业界还会根据邮轮所拥有的客舱数量或床位数量来衡量邮轮接待能力的大小，通常一间客舱容纳两个床位。但实际上，邮轮客舱数量的多少并不能说明邮轮的豪华舒适程度以及接待服务水平的高低。

想一想　邮轮的客舱数量越多，其豪华舒适程度就越高吗？为什么？

2. 空间比率（Space Ratio）

邮轮的空间比率等于邮轮的注册总吨位与邮轮的载客数量之比。空间比率表示的是邮轮上人均拥有的自由伸展空间。邮轮的空间比率越高，游客越能感受到邮轮的宽敞。因此，空间比率是衡量邮轮舒适与否的很重要的一个指标，也是真正体现邮轮价值的标尺。

目前，大多数邮轮的空间比率多在 25～40 之间，最低值为 8，最高值约为 70。

空间比率并不是体现邮轮宽敞程度的唯一指标。一些空间比率较小的邮轮可以通过灯光、落地观景窗等设计来增加游客感知的宽敞舒适度。

做一做　选择你比较熟悉的几艘邮轮，计算其空间比率并进行比较。同时回答：邮轮吨位越大空间比率就越高吗？

（三）邮轮船龄（Vessel Age）

1. 新船和旧船

现役邮轮的服役时间跨度很多，一些邮轮下水时间较长，已经接近半个世纪。业界常把 1970 年作为新船、旧船的分界线。1970 年之前下水的邮轮称为旧船，1970 年以后下水的邮轮称为新船。

早期的邮轮由于造船技术较差，在建材以及结构设计上多有限制，无法和较新、较高的造船技术相比。旧船的仪器设备功能有限，而且操作上既花费金钱又耗费人力，效率却不见得好，营运成本因而较高。旧船使用较密实、较重的金属制造，因此较之同样大小的新船，旧船载重吨位较大，吃水深度较深，进出港口不易，但相对地，旧船在航程中遇上大风浪时，其平稳度却较新船要高。

2. 船龄

船龄是邮轮自建造完毕时起计算的使用年限。船龄在某种程度上表明邮轮的现有状况，因此，在有关船舶和海上运输的交易中，是一个重要因素。根据中华人民共和国交通部发布的《海船船龄标准》（见表 2-3）条令，国内运营邮轮的船龄应小于 30 年。

资料卡

表 2-3　海船船龄标准

（中华人民共和国交通部 2006 年第 8 号令）

船舶类别	具体类别	购置、光租外国籍船船龄	特别定期检验船龄	强制报废船龄
一类船舶	高速客船	10 年以下	18 年以上	25 年以上
二类船舶	客滚船、客货船、客渡船、客货渡船（包括旅客列车轮渡）、旅游船、客船	10 年以下	24 年以上	30 年以上
三类船舶	油船（包括沥青船）、散装化学品船、液化气船	12 年以下	26 年以上	31 年以上
四类船舶	散货船、矿砂船	18 年以下	28 年以上	33 年以上
五类船舶	货滚船、散装水泥船、冷藏船、杂货船、多用途船、集装箱船、木材船、拖轮、推轮、驳船等	20 年以下	29 年以上	34 年以上

在邮轮发展历史上，有很多著名的邮轮运营时间将近半个世纪，冠达邮轮的“伊丽莎白女王 2”号邮轮运营时间就长达 40 年之久。但是，目前邮轮市场上各大邮轮公司向市场投入的邮轮大多船龄较小，船龄高于 20 年的邮轮不及邮轮总量的三分之一，而且载客数量相对较少，邮轮船队正呈现出年轻化的扩张趋势。

经典邮轮赏析

船名：“伊丽莎白女王 2”号（见图 2-1）

船东：冠达邮轮

船长：293.5 米

吨位：约 7 万吨

载客量：1 791 人

员工：921 人

首航时间：1969 年

图 2-1 “伊丽莎白女王 2”号邮轮

“伊丽莎白女王 2”号（R.M.S. Queen Elizabeth 2）邮轮隶属于冠达邮轮公司，是世界上运营时间最长的古典邮轮，拥有厚重的历史。尽管经历了四十多年的海上穿梭，但它的造型仍是全球造船业的经典之作。

“伊丽莎白女王 2”号邮轮在 1969 年由英国女王伊丽莎白二世亲自主持下水仪式，接待的第一位贵宾是查尔斯王储，其后多次搭载英国、约旦、日本等国的王室成员周游世界，南非前总统曼德拉和美国前总统布什等政要也曾随船旅行。“伊丽莎白女王 2”号邮轮保留了英国人的严谨和优雅，各个舱位的餐厅互不相通，不同舱位的人将在各自的餐厅内享受相应的服务。

2008 年，冠达邮轮公司将“伊丽莎白女王 2”号邮轮以 1 亿美元价格出售给迪拜，这艘拥有悠久历史的邮轮被改为旅馆、零售及娱乐中心。

（四）邮轮等级评定

尽管现代邮轮常常被称为“移动的五星级酒店”，然而邮轮的等级评定与酒店星级不同，业界尚无正式统一的标准。国际邮轮协会（CLIA）曾经提出现代邮轮的五种类型以做参考，分别是奢华型、高级型、现代型、专业型和经济型。

1. 奢华型邮轮

奢华型邮轮通常采用“六星级”标榜其顶级的娱乐设施与服务水准。奢华型邮轮吨位较小，所容纳的游客相对较少，但其住宿空间和公共空间均经过精心设计，有宽敞且带有阳台的顶级套房或双层公寓，并且多半为游客提供管家服务（Butler Service），因此产品的价格昂贵。意大利银海邮轮公司的“银神”号（Silver Spirit）邮轮、“银影”号（Silver Shadow）邮轮、“银啸”号（Silver Whisper）邮轮被誉为“世界最佳顶级中小型豪华邮轮”，是奢华邮轮的典型代表。其奢华不仅仅在于开阔雅致的“全套房”住宿空间（见图 2-2），更在于无微不至的私人定制化服务。

图 2-2 “银神”号邮轮套房与餐厅

2. 高级型邮轮

高级型邮轮通常是指为游客提供超出平均水准的美食、设施与服务的豪华邮轮。此类邮轮空间比率相对较高，有很多带有阳台的外侧客房，通过提供各种各样的娱乐活动，对儿童、年轻人、老年人等各个年龄段的顾客群形成多样化的吸引。高级型邮轮为游客提供相对高端的服务，游客有很多机会在正式晚宴上盛装打扮。冠达邮轮的“伊丽莎白女王 2”号邮轮就属于高级型邮轮的代表。

3. 现代型邮轮

现代型邮轮为游客提供更多新型的选择与服务，邮轮规模从中型到巨型不等，相当于漂移的度假胜地，比如皇家加勒比邮轮公司的“海洋神话”号、“海洋航行者”号邮轮等。这些邮轮上通常有溜冰场、高尔夫练习场、攀岩墙、冲浪、水滑道等多样化的娱乐设施，能够给游客留下深刻的印象。现代型邮轮的总体氛围相对比较轻松。

4. 专业型邮轮

专业型邮轮为游客提供独特的邮轮旅游产品，或者专注于某一特定的邮轮旅游目的地。这类邮轮公司在文化诠释、探险考察等领域有着丰富的经验，部分邮轮航线遍及南极、北极此类人迹罕至的地方，其目标市场是有经验的邮轮旅行者。

5. 经济型邮轮

经济型邮轮通常是指中等规模、经过翻新的、运营时间相对较长的邮轮。这类邮轮采用自助式晚宴等形式，雇佣的员工较少。由于邮轮的设计比较经典，定价比较经济，对于那些邮轮旅游经历相对比较缺乏的人来说具有吸引力。其客舱如图 2-3 所示。

图 2-3 经济型邮轮客舱

经典邮轮赏析

船名："海钻石"号（见图 2-4）

船东：美国夸克邮轮公司

吨位：8 282 吨

航速：15.5 节

载客量：226 人（最多搭载 189 名游客）

建造时间：1986 年

重新装修：2012 年

图 2-4 "海钻石"号邮轮

"海钻石"号（Ocean Diamond）邮轮是前往南极的高级邮轮以及最先进的极地破冰船。"海钻石"号结合了独特设计的船体魅力和无畏的探险适航性，带领游客体验独一无二的极区探险经历。

做一做 选择你比较熟悉的 3 艘邮轮，讨论其分别属于哪种等级的邮轮？

二、现代邮轮的建造

（一）世界邮轮建造业的特点

现代邮轮经历了由小到大、由简单到复杂的不断演变，邮轮建造的方法也随之发生了相应的创新与变革。日益兴旺的邮轮产业给邮轮建造业带来了巨大的运行动力，也给邮轮建造业提出了更高要求。当前，世界邮轮建造业呈现以下几个方面的特点：

1. 邮轮建造市场的产业集中性很高

在全球造船业不景气的情况下，邮轮公司的船队规模却日益庞大。近年来，下水的豪华邮轮数量有增无减，新船的投放呈现较高的增长趋势。邮轮设计和制造的发展趋势是设备一应俱全的超大型豪华邮轮，其建造在资金、技术和设计方面都有很高的要求。

豪华邮轮一直是造船界顶尖级的高附加值类船舶，欧洲各国专业制造商凭借对艺术的独特理解、设计的繁杂、技术的先进以及装饰的奢华一直独占鳌头。2006 年，全球邮轮业在邮轮建造和维护方面为欧洲带来了 41 亿欧元的直接收入，占欧洲邮轮业直接经济贡献的 38.7%，其中，法国、意大利、德国、芬兰是世界邮轮的主要制造国家（其知名企业可参见表 2-4），占有目前全球邮轮订单的 95%以上，拥有近乎绝对的垄断地位。近年来，韩国造船业在政府的强大支持下，通过并购欧洲的大型造船厂，已经开始向邮轮制造业发展。

表 2-4　　世界知名造船企业

邮轮建造商	建造的代表性邮轮
• 意大利芬坎特里造船厂（Fincantieri shipyard）	“阿姆斯特丹”号（M.S. Amsterdam） “嘉年华魔幻”号（Carnival Magic）
• 德国迈尔造船厂（Meyer Werft）	“精致剪影”号（Celebrity Silhouette） “迪斯尼梦幻”号（Disney dream）
• STX 欧洲芬兰图尔库船厂（Turku shipyard）	“海洋绿洲”号（Oasis of the Seas） “海洋魅力”号（Allure of the Seas）
• 法国圣纳泽尔阿尔斯通造船厂（French Alstom Chantiers de l’Atlantique shipyard）	“玛丽王后 2”号（R.M.S. Queen Mary 2）
• 日本三菱重工（Mitsubishi）	“钻石公主”号（Diamond Princess） “蓝宝石公主”号（Sapphire Princess）

想一想

为什么在全球造船业不景气的情况下，邮轮公司的船队规模却日益庞大？

2. 邮轮建造直接推动航海科技的发展

在种类繁多的工业产品中，船舶是一种比较特殊的产品。一艘现代船舶就是一座复杂的水上工程建筑物。庞大的船体由数十万个零件组成，这样的庞然大物是陆地上的金属结构物无法比拟的。高科技在现代船舶上的应用，达到了精益求精、淋漓尽致的程度。

在世界民用造船领域，大型豪华邮轮被誉为“造船业皇冠上的明珠”，具有比飞机还要高的技术含量，船上安装的机械电气设备和各种装置种类繁多、性能先进，卫星导航系统、环保系统、海水淡化系统等代表着当今世界科技的前沿技术。建造豪华邮轮这一海上的庞然大物，无异于进行一场航海技术革命，将直接推动航海科技的发展。

3. 安全环保成为邮轮建造关注的重点

一百多年前，传统的远洋邮轮成为邮轮业第一个黄金时代的缩影，然而“泰坦尼克”

号的沉没却引发了很多人的深思。从设计上来说，“泰坦尼克”号直到今天也没有过时，但当时的炼钢技术还不是十分成熟。“泰坦尼克”号使用的钢板中含有很多化学杂质——硫化锌，经过长期的海水浸泡，使得钢板很容易变脆。“泰坦尼克”号使用的铆钉材质也比较脆弱，当冰山撞击船体时，船底的铆钉承受不住撞击而毁坏，造成大量海水涌进水密舱。一旦超过水密舱最大承受极限，船舶的沉没就成为必然。自此之后，邮轮安全问题引发各方的高度重视，关于邮轮安全规范与规则的强制执行对邮轮的设计和发展产生了深远影响。现代邮轮必须具备更加严格的安全性和舒适性，必须满足一系列有关分舱、稳性、救生、消防、无线电通讯等方面的国际公约、规范要求，同时，还要具有良好的稳性、抗沉性、耐波性和足够的强度。

与安全一样，环保如今也越来越受到各方的广泛关注。邮轮在航行期间挂靠各旅游胜地，这些国家一般对环保的要求很高，这将给邮轮的设计与建造提出更高的标准。例如，阿拉斯加地区对废气排放的要求非常严格，一些邮轮为了避免被处罚，专门在船上设置了氮氧化物排放极低的燃气轮机电力推进装置在该海域使用，而暂停使用柴油机电力推进装置。

未来邮轮的设计建造，必然向更为积极主动地采用各种技术措施来达到环保法规指标的方向发展。与其他船舶不同的是，邮轮的动力消耗不仅要考虑保持船舶航速所需要的动力，还要考虑游客生活设施所需的能源，因此节能是必然选择。

想一想

“泰坦尼克”号不幸沉没的主要原因是什么？给我们留下哪些深刻的教训？

资料卡

“海洋绿洲”号的高科技

位于芬兰西南部的STX欧洲公司的图尔库（Turku）船厂于2009年底交付了当时世界上最大的豪华邮轮“海洋绿洲”号。

“海洋绿洲”号邮轮配有综合导航和动力定位系统，机器设备布置在两个舱室中，确保因火灾或其他事故造成一个机舱被淹或失效时，另一个还能继续运转。

“海洋绿洲”号邮轮最具创新性的部分是其分离的上层建筑，露天的中央公园和宽敞的皇家大道使大量的内部空间同样拥有新鲜的空气和阳光。

“海洋绿洲”号大量应用电脑技术，船上设有一个独立的计算机房，网络电话系统可用于定位船上的家庭成员跟踪儿童的位置，还可为儿童提供手表式异频雷达收发机。船上指挥电话系统是基于Wi-Fi网络，而不再使用传统的甲板电话。另外，电梯旁设置交互式电视屏幕，使游客了解船上的娱乐活动和餐饮设施，这种交互式的系统也被用于船上安保。

“海洋绿洲”号的安全性超越了现有法规在防火、稳性、生存能力和操纵性以及疏散撤离和救生系统方面的要求。船舶的航行与安全操作分离，独立的安全中心设置在驾驶室后面，24 小时有人操纵。控制室也采用类似的方法。该船拥有 18 个水密舱室和 720 个水密间隔。机舱通过双层壳体保护。5 个主舱壁上的开口确保水平中庭概念的安全性，由 A60 额定双挡板保护。在特殊的开放区域，如散步道和中央公园，还采用了地理消防断面。船上的特殊设施，如酒会、滑索和水上剧场等已由第三方进行风险评估。

作为新一代豪华邮轮，“海洋绿洲”号的环保性自然不容忽视。该船拥有挪威船级社（DNV）的“绿色护照”，船上设一位专职环境官员，以确保船员已经过环境培训。配备基于共轨柴油机技术的几台不同尺寸的发动机，以满足船舶在港或航行时不同的动力需求。该船使用新的低硫燃料，船舶的碳排放量比上一级邮轮减少了 15%～25%。先进的能源管理系统通过优化路径和优化动力应用节省能源。据估计该船与其上一级邮轮相比可减少 30%～40%的电力消耗。另外，船上配备先进的废水净化系统，对港内废水排放的要求比美国联邦标准严格两倍。船上配有粉碎机、汲水斗和压实机以及玻璃、灯泡、锡和铝粉碎机。

（二）中国邮轮建造市场的发展

中华民族历史悠久，在璀璨的古代文明中，航海与造船是其重要组成部分。

我国是制造和使用船舶最悠久的国家之一。我国的木船发明很早，公元前 16 世纪，我国的商代就已经造出了有舱的木板船。在汉代，我国航海家不仅经常东渡日本，而且已经远达印度和锡兰（斯里兰卡）。元代至明代更是我国木帆船的鼎盛时期。举世闻名的明代郑和船队下西洋，每次远航出动舰船一两百艘，数万人，船队到达 30 多个国家，最远曾经到达东非海岸和红海口。这一航海史上的壮举，充分说明了当时中国的造船技术和航海技术都已经达到了相当高的水平。我国古代所建舰船，不但尺寸庞大，性能良好，而且根据使用要求和航行安全，船上已经设有水密隔舱。我国还是在海船上应用指南针最早的国家。

明代中叶以后，中国的封建社会日渐衰落，经济停滞，科学技术进步缓慢，造船和航海也均受影响。18 世纪中期，英国工业革命开始后，出现了蒸汽机船，西方造船技术有了飞速的发展，而中国则长期处于封建社会桎梏中，和西方发达国家的差距越来越大。新中国的诞生使我国的造船工业得到了新生。尤其是改革开放以后，民用船舶已经进入国际市场。至 20 世纪末，我国已基本形成了一个具有相当规模和实力的，从科研、设计、试制到生产、协作配套和教育等各个方面比较系统而完整的造船工业体系。

现阶段，邮轮的设计和制造成为我国造船业关注的要点，造船工业已经取得令人瞩目的巨大成就，在世界造船业的高端市场上占据一席之地，成为我国最大限度争取未来世界邮轮旅游业潜在利益的关键。然而，同世界先进的造船国家相比，还存在不小的差距，尤其是在邮轮的建造方面。

首先，豪华邮轮在制造技术方面要求较高，除需要数量庞大的设备材料外，这一系统工程的总体协调也有很大难度。几十年前，船厂负责邮轮建造的所有工程项目，包括设计、建造、装潢等。如今，邮轮建造正在转向把内装设计、舱室模块制造、装饰装修等分解到不同企业实施的新兴模式。也就是说，船厂基本上是“造壳”，船厂只是提供一个空间，提供生产的基本条件如水、电、气等，让众多专业公司分包负责，靠合同协调，共同完成这项系统工程。邮轮建造工程纷繁复杂，船舶整体和局部设计工作量大，许多家公司共同承担，对不同公司间设计风格和特点的协调管理十分复杂。

其次，旅游市场的高度集中决定了豪华邮轮必然带有浓郁的欧美地域特色，因此，建造豪华邮轮不仅需要高超的技术，更需要一流的建筑工艺、文化理念和生活习俗的积淀。在邮轮整体结构的设计、内部的装饰装潢水平、文化艺术理念的彰显等方面，我国与西方造船国家尚有一定的距离。

然而，从长期来看，随着西方国家豪华客船设计制造的日渐东移和我国科技创新、现代化管理进程的步伐加快，中国建造的超大型豪华邮轮必将航行于世界各地。

想一想 中国的邮轮建造业与西方国家的差距主要体现在哪些方面？

子模块二　现代邮轮的空间设施

学习与训练子目标

- 掌握现代邮轮的客舱布局与类型
- 熟悉现代邮轮公共空间设施与非公共空间设施
- 了解现代邮轮的船舱透视图与甲板分布图

现代邮轮的设计与建造通常需考虑到如何在合理利用空间的基础上更好地完善游客活动设施。不仅在外观和功能上为游客所接受，而且应符合其品牌价值和各项安全要求，在有限的船舶空间里，既能搭载更多的游客，又能使游客获得更高的舒适度和满意度。

邮轮上的空间通常被划分为三类：客舱空间（Stateroom Space）、公共空间（Public Space）和非公共空间（Private Space）。

一、邮轮的客舱空间

（一）邮轮客舱的设计

游客搭载邮轮旅游，通常会将邮轮上的客舱与陆地上的酒店客房进行比较，希望邮轮上的客舱也可以与陆地上的酒店客房一样宽敞舒适、风格典雅。因此，邮轮客舱在进行设计时，必然充分考虑空间的合理利用、内部的装饰装潢以及设施的便利完善。

1. 布局（Layout）

众所周知，邮轮上的空间有限。邮轮公司要在有限的客用空间里安排下客舱、餐厅以及越来越多的娱乐活动设施，合理布局显得尤为重要。客舱的位置往往会影响到游客居住的舒适度。由于船体结构的限制，一些客舱的景观视野会受到影响，还有一些客舱临近电梯或者其他容易产生噪音的设施，邮轮公司还要考虑尽可能地将噪音最小化。大部分邮轮公司压缩客舱的空间，以腾出更多的区域用于安排娱乐项目，因此客舱成为酒店客房的压缩版，必须要通过精心设计来达到空间利用效率的最大化。

2. 设施（Facilities）

即便有些邮轮客舱面积较小，但舱房内的设施却较为完善，游客所需各类物品一应俱全，客舱布置符合人体工程学的要求。从游客的角度来讲，需要有睡眠、小憩、更衣、休闲以及洗漱的场所；从客舱服务人员的角度来讲，客舱设施要便于日常清洁、整理和对客服务。

3. 装饰（Decoration）

邮轮客舱的装饰标准与邮轮品牌有关，包括配色的方案、艺术品的摆放、灯光的调节、床上用品的质地、地毯的工艺、地板的光泽等都要充分考虑，通过恰当的布置和选用来达到客舱整体的和谐效果。早期的邮轮航行时间较长，多半是为满足富商贵客的需求而设计，因此对于客舱的空间采用较为宽敞的设计，并以许多高级艺术品为装饰，目的在于凸显与众不同的贵气。近几年，邮轮旅游日益普及，客舱的设计趋向简单，装潢材料多运用合成物或大量的复制艺术品，逐渐摆脱过于高贵而给人难以亲近的印象。

资料卡

豪华邮轮客舱常见配置

单人床或双人床、名牌床上用品、可选枕芯、长袍、拖鞋、衣柜、写字台、个性化文具、梳妆台、吹风机、洗涤用品、洗浴间、冰箱或鸡尾酒冷藏柜、卫星电视、DVD 播放机、电话、室温调控设备、个人保险箱和 110/220 电压。

（二）邮轮客舱的类型

现代邮轮为游客提供了各种不同的客舱选择。一般而言，主要包括内舱房（Inside Staterooms）、海景房（Outside Staterooms）以及套房（Suites）三种类型。三种类型客舱的位置、大小、豪华程度各有不同。

1. 内舱房

内舱房即邮轮内侧客舱。邮轮由于建筑结构的限制，并不是所有客舱均可以看到大海。内舱房在邮轮上占有很大的比重，舱房内没有窗户，自然光不足，但是会运用镜子、灯光、色彩等来调节客舱的舒适度，一般都配有空调、通风设备和卫生间。也有些邮轮公司会为内舱房装饰假窗帘来使空间显得更加开阔，或者在走廊一面开窗。许多游客选择内舱房是因为内舱房的价格较为便宜，而且他们认为舱房仅仅是睡觉的地方。还有一些游客选择内舱房的原因是避免早上的阳光干扰。

2. 海景房

海景房是邮轮外侧客舱，由于面向大海采光较好，视野更为开阔，所以更受游客的青睐。旧式邮轮多是舷窗为主，具有较强的水密性和抗压性。随着造船技术的发展和游客需求的变化，海景房的设计也呈现多样化，出现了窗户海景房、落地窗海景房以及阳台海景房等。当今时代，游客对豪华邮轮的期望值很高，提供带有阳台的更具特色的客舱更能使一些追求高水平的游客满意。

3. 套房

邮轮上的套房宽敞豪华、价格昂贵，一般设有起居室、卧室和浴室，部分套房还配有海上观景阳台、私人酒吧、钢琴等，如图 2-5 所示。套房通常位于邮轮上层甲板，可供两人以上住宿，深受家庭游客的青睐。不久的将来，公寓式邮轮也将投入使用，每间公寓式客舱设有多个卧室、客厅以及厨房，从而满足游客更多的需求。

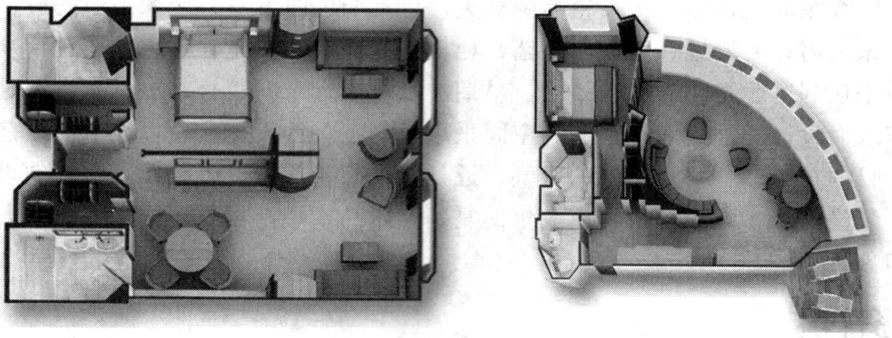

图 2-5　豪华邮轮套房透视图

想一想

邮轮上的客舱有无优劣之分？
如果你自己搭乘邮轮旅游，会如何选择合适的客舱？

二、邮轮的公共空间

由于游客在邮轮上停留的时间较长，因此邮轮必须能提供充足的食物、足够的活动空间以及娱乐设备，以满足不同层次人群的娱乐喜好。航行期间还需适时安排一些特别活动，让游客充分享受一个充满欢乐气氛的海上之旅。公共活动空间与娱乐设施的安排是一个重要项目。只有配备充足的餐饮服务和新奇娱乐设施且能满足游客多种需求的邮轮，才会是公认的豪华邮轮。

（一）前台接待处（Front Office）

和陆地上的酒店类似，邮轮设有前台接待处，如图 2-6 所示。陆地上的酒店前台通常设在酒店大堂，是负责酒店产品销售、对客服务接待以及业务调度的综合性服务部门。与酒店大堂的作用相同，邮轮前台在酒店服务中具有全面性、综合性和协调性的特征，是酒店的神经中枢。邮轮前台接待处的规模比酒店前台略小，但同样承担着游客接待、咨询与协调服务，是邮轮对客服务尤其是客舱服务的中枢机构。邮轮前台旁边通常设有旅游问讯处，游客可以咨询港口观光活动的相关事宜。

图 2-6 “阿姆斯特丹姆”号邮轮前台

（二）邮轮餐厅（Dining Area）

传统上，美食是邮轮的一大卖点。较大邮轮的典型特征就是拥有若干个主餐厅。一些邮轮上还设有可供选择的特色餐馆，多为全天候开放。如图 2-7 所示。

图 2-7 “阿姆斯特丹姆”号邮轮餐厅与酒吧

（三）剧院（Movie Theater）

邮轮上设有剧院，根据邮轮的规模大小不同。剧院通常用来进行游客聚会、文艺演出或举办其他专项活动，每晚都有不同的安排，是邮轮之旅中最具有吸引力的场所。剧院还会播放流行的电影新片，一些邮轮还会安排手工制作、化装舞会、厨艺表演等节目。

（四）赌场（Casino）

赌博在绝大多数邮轮上都是合法的，游客可以玩各种赌博游戏。赌场内设有严格的监控装置，工作人员在不为客人服务时，要求手心向上放置，不要随便捡起地上的东西。赌场不允许拍照，通常在进入港口时关闭。

（五）泳池甲板（Pool Deck）

大多数邮轮都设有一个或多个游泳池，一般位于顶层甲板，有的还设有供儿童嬉戏的浅水区。还有一些泳池会有玻璃天窗全部遮盖，随气温不同随时开启。

（六）运动甲板（Sport Deck）

邮轮上的运动甲板是为游客提供的锻炼场地，配有增氧健身区、慢跑跑道、网球场和其他运动方面的设施。

（七）商店（Gift Shop）

邮轮上的商店深受游客欢迎，游客在此可以挑选一些自己喜欢的东西，享受购物的乐趣，留下旅游纪念。邮轮在国际海域航行，一般不用付税。商店的种类包括珠宝店、男女时装店、礼品店以及一些普通商店等。为了营造旅游氛围，有的邮轮还会设立一批由各色礼品店构成的观光型商业街，供游客消遣。

除此之外，公共空间还有很多其他公共设施，诸如婴儿玩耍区、上网区、特色酒吧、自动洗衣店、图书馆、小型教堂、攀岩壁等等，有些在中国运营的邮轮上还有中国特色的麻将房、纸牌房等。

经典邮轮赏析

船名：“玛丽王后 2”号（见图 2-8）

船东：冠达邮轮

船长：345 米

船宽：41 米

吨位：151 400 吨

载客量：2 620 人

员工：1 253 人

最高航速：30 节

首航时间：2004 年

图 2-8 “玛丽王后 2”号邮轮

冠达邮轮公司的“玛丽王后 2”号（R.M.S. Queen Mary 2）邮轮以英国女王伊丽莎白二世祖母的名字命名。2004 年，“玛丽王后 2”号开始处女航，女王亲自主持邮轮下水仪式，引来成千上万的人前往观看，邮轮首航票价高达 48 000 美元。

“玛丽王后 2”号为钢结构，共安装有 1 310 个船舱、2 500 公里长的电缆、80 000 个照明灯、5 000 个阶梯的楼梯和 2 000 个浴室，其发电设备所产生的电力可以为 20 万人口的城市照明。船体表面喷漆约耗费 250 吨油漆。

“玛丽王后 2”号的最大特色在于其营造的文化氛围。首航前，冠达邮轮公司就和英国牛津大学签约，邀请其各个专业的知名教授登船办讲座，讲座的主题范围很广，诸如“大西洋文化”、“时装的演变”、“当代文学”等。同时，来自128个国家的艺术家受邀为其提供艺术品，总计价值超过500万美元。船上还设有以纽约与伦敦两大都市为主题的展示与演讲厅，有典雅风骨的冬天花园以及海上天文馆等。

想一想 现代豪华邮轮还有哪些独特的娱乐设施？

三、邮轮的非公共空间

邮轮的非公共空间主要是船员的工作区域和生活空间，一般不向邮轮上的游客开放。但也有一些邮轮为使游客有更为深刻的旅游体验，常常会为游客安排一些非公共空间的参观活动项目。

（一）邮轮驾驶台（Bridge）

邮轮驾驶台是船长指挥邮轮安全航行的司令台。在邮轮航行或停泊的过程中，任何人未经船长或值班驾驶员许可不可随意进入。

（二）邮轮轮机舱（Engine Room）

邮轮轮机舱是装载邮轮动力装置，如柴油机、燃气轮机以及附属设备的舱室。邮轮轮机舱等机械设备区域（Mechanical Areas）也都明令“游客止步”。

（三）厨房（Galley）

厨房是邮轮非公共空间的一部分，其布局类似于岸上常规的厨房。邮轮上厨房的构建就是为了有效地满足食品生产的特殊需求，即安全、高效、持续地制作大批量、高水准的食物。船上储藏间能满足冷藏、冷冻和干货区的需要。

（四）员工活动区（Crew Areas）

除游客活动区域外，员工活动区域的设施设备也齐全完备，邮轮上有专门的员工宿舍（Crew Cabins）、员工餐厅（Crew Dining Room）以及员工娱乐活动室（Recreational Facilities）。如图2-9所示。

图2-9 “迪士尼梦想”号邮轮员工活动室和员工餐厅

四、船舱透视图与甲板分布图

（一）船舱透视图

为了让游客更加直观地了解现代邮轮的构造与布局，邮轮公司会向游客提供邮轮的船舱透视图。船舱透视图通常是三维的，能够显示出家具的位置、主要特征、典型布局和成套设施等，如图 2-10 所示。如果是网站的话，也可以虚拟展示邮轮的 360 度全景图，让游客虚拟进行趣味盎然、鲜活体验的邮轮之旅。

图 2-10 “海洋航行者”号船舱透视图

（二）甲板分布图

除船舱透视图之外，游客了解邮轮的最好的方法是使用甲板分布图（Deck Plan），也称为“甲板示意图”。对于每一艘邮轮来说，这些甲板分布图是唯一的，也最能帮助游客明确邮轮上客舱或其他设施的具体位置。游客参加邮轮旅游时，可以通过甲板分布图选择自己喜欢的房间，宣传册中的色彩标记通常会使甲板分布情况以及各类客房情况一目了然。如图 2-11 所示。

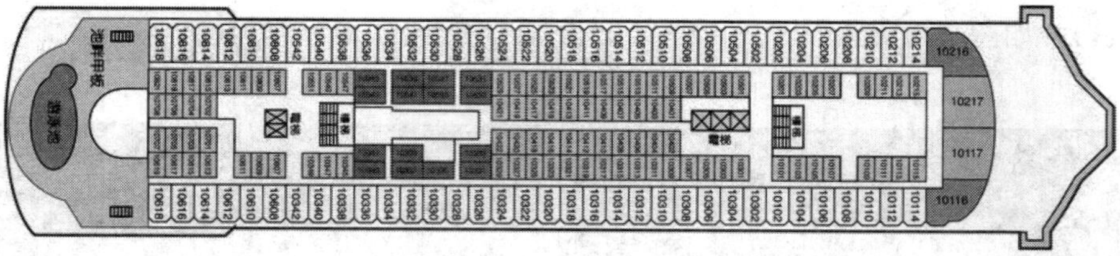

图 2-11 “双鱼星”号邮轮甲板分布图

想一想

通过邮轮的甲板分布图，游客可以得出哪些有用的信息？

思考与训练

一、单项选择

1. 按照注册总吨位（GRT）进行划分，“歌诗达爱兰歌娜”号（Costa Allegra）邮轮的注册总吨位为 28 500 吨，属于________。

A. 小型邮轮　　B. 中型邮轮　　C. 大型邮轮　　D. 超大型邮轮

2. 意大利银海邮轮公司的“银影”号（Silver Shadow）邮轮精致典雅、服务高端，被誉为“六星级”邮轮，属于________。

A. 奢华型邮轮　　B. 现代型邮轮　　C. 经济型邮轮　　D. 专业型邮轮

3. 以下不属于邮轮上公共空间的是________。

A. 运动甲板　　B. 前台接待处　　C. 员工餐厅　　D. 图书馆

4. 游客参加邮轮旅游，在选择入住的邮轮客舱时通常使用的示意图是________。

A. 邮轮分解图　　B. 船舱透视图　　C. 甲板分布图　　D. 邮轮三维图

二、问题简答

1. 邮轮的大小如何进行衡量？请在以下表格中分别列出大型邮轮与小型邮轮的优劣势。

	优势	劣势
大型邮轮	1. ________ 2. ________ 3. ________	1. ________ 2. ________ 3. ________
小型邮轮	1. ________ 2. ________ 3. ________	1. ________ 2. ________ 3. ________

2. 什么是邮轮的空间比率？以下哪些说法是正确的？哪些说法是错误的？为什么？

（1）邮轮空间比率与邮轮的客舱面积大小相关。邮轮客舱面积越大，空间比率也就越高。

（2）邮轮空间比率与邮轮的吨位大小相关。邮轮吨位越大，空间比率越高。

（3）邮轮空间比率等于邮轮注册总吨位除以邮轮的载客数量。

（4）邮轮空间比率越高，邮轮船票价格可能相对越高。

3. 搜集并研究某邮轮的船舱透视图和甲板分布图，并且尝试针对该邮轮回答以下问题：

（1）邮轮上有几层甲板？

（2）邮轮客舱主要有哪几种类型？主要分布在哪几层甲板？

（3）邮轮上有几个餐厅？主要分布在邮轮的哪个部位？

（4）邮轮上主要有哪些娱乐设施？简述其分布特点？

拓展阅读

“玛丽王后2”号邮轮的建造

2004年1月8日，英国女王伊丽莎白二世在南安普顿为冠达邮轮公司崭新的横跨大西洋班轮——“玛丽王后2”号邮轮命名。冠达邮轮公司在庆典上向超过15 000人展示了全新的“玛丽王后2”号。这一年陆续有15艘新船下水，其中有6艘是巴拿马运河大型船的尺寸。“玛丽王后2”号邮轮的交付获得了空前的媒体报道，如同其在20世纪30年代的老队友——“玛丽王后”号、“诺曼底”号等邮轮一样，再掀媒体关注的高潮。

“玛丽王后2”号邮轮成为当之无愧的明星。1969年5月，在协和式超音速喷射式客机首飞之后的两个月，冠达邮轮公司崭新的“伊丽莎白女王2”号邮轮首航，优雅地驶向纽约港。每个人都以为这艘时髦的旗舰船将会是最后一个伟大的远洋客轮，然而事实并非如此。三十多年后，超音速商业航班的时代已经结束，而远洋客轮却依然存在。造价8亿美元的“玛丽王后2”号邮轮接替了“伊丽莎白女王2”号，继续航行于横跨大西洋航线。

“玛丽王后2”号邮轮之所有享有盛名，最主要的原因是因为她是目前仅有的能够定义为远洋班轮的邮轮。与传统的邮轮不同的是，“玛丽王后2”号邮轮能够在北大西洋水域航行，在抵御恶劣天气和这一纬度地区的大风的同时，还能为游客提供快速而且愉快的航程。因为航行航线的特殊性，冠达邮轮公司为“玛丽王后2”号投入的财务预算较其他邮轮增加了40%。

“玛丽王后2”号邮轮的交付，同样标志着2001年“9 • 11”事件后邮轮产业的复苏。“玛丽王后2”号邮轮的订单于“9 • 11”事件之前签署，一些分析学家在这一悲剧性事件之后的几个月曾经怀疑该邮轮能否继续建造。然而，由于冠达邮轮公司所隶属的嘉年华邮轮集团的远见和雄心，在继1934年“玛丽王后”号邮轮首航之后，又迎来了具有重大历史意义的一年。1934年，“玛丽王后”号的首航标志着当时大萧条时代的经济复苏，使英国民众获得强烈的民族自豪感。现如今，“玛丽王后2”号的区别于传统邮轮的超大规格以及新奇设计，成为邮轮产业的新的前沿，体现了一个时代的崭新模式。

“玛丽王后2”号邮轮的交付同样也标志着冠达邮轮公司的重新崛起。20世纪90年代，冠达邮轮公司先后被特拉法格置业公司、克瓦纳集团收购，这些公司的核心业务并非邮轮运营，甚至连船只都没有。当时的冠达公司管理混乱，提供零散的产品，包括传统的“伊丽莎白女王2”号、两艘“海上女神”号豪华游艇以及为大众市场提供的“伯爵夫人”号邮轮。

1998年4月，嘉年华邮轮集团与一些挪威投资者花费4.96亿美元从克瓦纳集团买下了冠达公司。如果当时没有这笔钱，冠达公司也许现在已不存在。一个月以后，组建冠达邮轮有限公司，旗下经营世鹏邮轮以及冠达邮轮船队，成为大型全球豪华邮轮运营商。当时，嘉年华集团占有冠达邮轮份额的68%。1998年6月8日，宣布了建设新一代远洋客轮“玛丽王后2”号的项目，并且由英国设计师斯蒂芬·佩恩进行设计。该项目的幕后老板是嘉年华集团总裁——米基·阿里森，他的梦想是建造有史以来最大的远洋客轮，冠达邮轮成为其实现抱负的强大助力。

嘉年华集团对冠达邮轮进行了业务重组，世鹏邮轮最初的三艘船只、两艘“海上女神”号游艇以及“皇家维京太阳”号这些游艇式邮轮纳入世鹏邮轮旗下，冠达邮轮主要经营“伊丽莎白女王 2”号和“卡罗尼亚”号两艘横跨大西洋的传统邮轮。冠达邮轮公司开始提供同质化的产品，品格风格为英国式的优雅以及横跨大西洋的浪漫。1999 年 10 月 20 日，嘉年华集团百分之百控股冠达邮轮。

当时，冠达邮轮处于一种比较矛盾的境地：尽管掌握了有价值的商业资源和响亮的名字，但是却只有两艘超过 25 年船龄的老船；尽管每一艘船都有著名的名称和历史，但却有着过时的客舱与设施。因此，有必要将“冠达邮轮”品牌与 20 世纪上半叶远洋客轮相关联，正是在这个时候决定建造“玛丽王后 2”号邮轮。

建造“玛丽王后 2”号的第一项工作是选择一家合适的造船厂，这一行动开始于 1999 年 6 月。冠达邮轮公司知道这将是有史以来最昂贵的船只。专家级的欧洲船厂在当时都有大量的订单，因此，有传言说“玛丽王后 2”号将会在远东的船厂建造。最终，该订单由两家公司角逐，一家是曾经在贝尔法斯特建造了“泰坦尼克”号的哈兰德 & 沃尔夫船厂，另一家是法国圣纳泽尔阿尔斯通造船厂。由于英国船厂无法处理如此大的订单，而阿尔斯通造船厂在建造类似船只上有丰富经验并且具备财务偿付能力，冠达公司最终与法国阿尔斯通造船厂在 2000 年 3 月 10 日签署邮轮建造协议。

“玛丽王后 2”号邮轮于 2002 年 2 月 16 日开始建造。冠达邮轮公司总裁帕姆·康诺弗切割了第一块钢板。2002 年 6 月 11 日，“玛丽王后 2”号首航时间宣布，即 2004 年 1 月 12 日。2003 年 3 月 16 日，“玛丽王后 2”号离开造船坞进行外部安装。第一次试航是在 2003 年 9 月末，11 月又进行了第二次试航。然而在同年 12 月，在工人家属参观邮轮之时，舷梯倒塌事故造成 16 人死亡。

最终，在合同签署之后的第 38 个月，经过不到两年的建造与安装，“玛丽王后 2”号邮轮于 2003 年 12 月 22 日在圣纳泽尔交付，并于次日开往比戈，圣诞节当天进行试航，12 月 26 日开往其在英国南安普顿的邮轮母港。2004 年 1 月 8 日，英国女王伊丽莎白二世为“玛丽王后 2”号命名。“玛丽王后 2”号的处女航是为期 14 天的横跨大西洋之旅，在 1 月 12 日从南安普顿出发，访问拉斯帕尔马斯和圣克鲁斯德特内里费，最终于 1 月 26 日抵达劳德代尔堡港。

专业英语词汇

aft	船尾
bridge	船桥，船长驾驶台
cabin	客舱
capacity	容量，载客量
casino	赌场，俱乐部

christened	给……命名
crew cabin	船员客舱
deck plan	甲板计划，甲板分布图
drought	吃水深度
engine room	轮机舱
flagship	旗舰，佼佼者
fore	船头
front office	前台接待处
funnel	烟囱
galley	船上的厨房
gangway	舷梯，进出通路
gift shop	礼品店
GRT, gross register tonnage	注册总吨位
inside stateroom	内侧客舱
keel	龙骨
maiden voyage	首航，处女航
megaship	巨型船，大船
movie theater	电影院
outside stateroom	外侧客舱
pool deck	泳池甲板
port side	左舷
private space	非公共空间
public space	公共空间
PAX，numbers of passengers	载客数量
space ratio	空间比率
sport deck	运动甲板
starboard side	右舷
suites with balcony	阳台套房
tonnage	吨位
transatlantic	横渡大西洋的
water slides	水滑道

模块三

现代邮轮旅游产品

学习与训练总目标

- 掌握邮轮旅游产品的内涵、特征与表现形式
- 熟悉邮轮旅游产品的价格构成与价格政策
- 熟悉邮轮旅游产品设计的内容与新产品开发策略
- 把握邮轮旅游的消费特征与相应营销对策

课前阅读

MSC 地中海邮轮“AC 米兰”主题航次起航

同为意大利辉煌和品质的代表，MSC 地中海邮轮公司于 2011 年 2 月正式携手 AC 米兰足球俱乐部，双方签署长达 3 年的战略合作协议，旨在意大利和全球范围相互推广对方品牌。为此，地中海邮轮于 2011 年 6 月在旗舰邮轮“MSC 辉煌”号的西地中海经典航线安排“AC 米兰”主题邮轮航次（见图 3-1）。史上首次“海上红黑军团”从意大利热那亚起航，途径意大利、西班牙、法国，进行为期 7 天的海上巡游。

图 3-1　MSC 地中海邮轮“AC 米兰”主题航次宣传图

在业界首创的豪门足球俱乐部主题邮轮航次上，“MSC 辉煌”号招待许多来自 AC 米兰的著名球员，并为球迷们安排特别培训班以及一系列难忘的娱乐活动。只要游客在

预定邮轮船票的同时，购买特别“MILAN”活动包，即可在船上与AC米兰球星一起互动，参加包括“5对5足球对抗赛”、“MILAN足球训练营”、“MILAN实验室运动课程”等一系列精彩活动，并获得主题邮轮的特别T恤。

主题航次邮轮旅程给游客们带来精彩美妙的回忆。游客除尽情饱览地中海沿岸最美丽的城市风光，还有机会前往巴塞罗那的诺坎普球场，同米兰著名球星见面。由于孩子们可以参加米兰训练营，这也同时给米兰俱乐部提供了搜寻明日之星的机会。鉴于此次主题海上游览项目的亮点很多，吸引了多家媒体记者到场采访。

在签订三年合约之后，米兰俱乐部同地中海邮轮公司相互协助，还举办了一系列面向消费者的商务活动，并通过电视直播宣传活动内容，达成双方目标。地中海邮轮还将参加为AC米兰基金集资的各个赛事活动。拥有AC米兰俱乐部官方信用卡的球迷们可以在参加地中海邮轮的活动中享受到各种优惠价格。

资料来源：http://acmilan.titan24.com/

阅读思考

1. MSC地中海邮轮“AC米兰”主题航次的成功经验是什么？
2. 这个案例对邮轮旅游产品的设计和开发具有哪些可供借鉴的意义？

子模块一　认识邮轮旅游产品

学习与训练子目标

- 掌握邮轮旅游产品的内涵、特征与价格构成
- 熟悉邮轮旅游航次以及邮轮旅游全过程
- 具有邮轮旅游整体产品的观念

在当前的邮轮旅游市场中，消费者需求的满足需通过邮轮公司提供的产品和服务来实现。因此，各大邮轮公司在对消费者需求和特征进行充分调研、分析的基础上，致力于打造丰富多彩的邮轮旅游产品，从而更好地满足邮轮游客的需要，取得更好的经济效益。

一、邮轮旅游产品的内涵与特征

（一）邮轮旅游产品的内涵与构成

1. 邮轮旅游产品的内涵

当提到邮轮旅游产品的时候，人们会想到浩瀚的大海、舒适的客舱、诱人的美食以及船上的健身、游泳等娱乐活动。事实上，邮轮旅游产品是一个可以明确界定的组合产品，包括邮轮在各个港口之间的航行、某一时段的行程安排、船上的住宿和娱乐设施、一定标准的服务以及其他需要额外付费的服务等。

因此，邮轮旅游产品可以定义为一种多功能、复合型的海洋休闲旅游产品，是以邮

轮为依托来满足人们精神和物质需求的旅游活动，可以组合海上休憩、观光、度假、健身、会议、婚庆、潜水、探险等内容。

2. 邮轮旅游产品的构成

游客是邮轮旅游产品的最终购买者。从游客的视角来看，邮轮旅游产品一般由以下六大要素构成。

（1）邮轮的设施（Amenities）。邮轮的设施是指邮轮的规格大小以及船上的各类客舱、餐厅、娱乐活动设施等。邮轮的设施在不同的邮轮类型中不尽相同，大型邮轮拥有宽敞豪华的客舱、餐厅与剧院等；小型邮轮在内部装潢与艺术设计等方面也颇具特点。邮轮的设施是邮轮旅游产品的重要组成部分。

想一想 为什么说邮轮的设施是邮轮旅游产品的重要组成部分？

（2）邮轮的航线（Itinerary）。邮轮航线是指邮轮从母港出发到结束行程靠岸过程中所航行的路线，通常会受到水域、景点以及季节条件的影响。邮轮航线是游客选择邮轮旅游时考虑的主要因素，对于邮轮吸引客源以及经营会产生很大的影响。

（3）邮轮的服务（Service）。邮轮的服务是指邮轮上的服务内容、方式、态度、速度和效率等。邮轮服务项目的多少、服务内容的深度也是邮轮之间竞争的重要环节。良好的服务是树立邮轮品牌形象、提高邮轮知名度的重要手段。

（4）邮轮的气氛（Mood）。邮轮的气氛是游客对于邮轮的一种感知，一方面取决于邮轮的空间布局、设施设备以及内外装饰装潢，另一方面取决于邮轮上服务人员的仪表、服务态度、服务特点与水平等。

（5）邮轮的形象（Image）。邮轮的形象是游客对邮轮的综合看法，涉及邮轮历史、知名度、经营思想、设计风格、品牌定位等诸多因素。邮轮形象是邮轮吸引客源的重要因素。

（6）邮轮航次的价格（Price）。邮轮航次的价格在一定程度上反映了邮轮旅游产品的质量，游客常常通过邮轮航次的价格来判断、选择邮轮。

邮轮旅游产品的六大要素相互关联，是邮轮旅游产品不可分割的组成部分。游客在选择邮轮时会同时考虑这些因素，而不只是单方面考虑其中的一个因素，但不同的游客在选择邮轮时，对每个因素的重视程度会有所不同。

想一想 为什么说邮轮的“气氛”和“形象”也是邮轮旅游产品的一部分？

（二）邮轮旅游整体产品观念

与其他旅游产品一样，邮轮旅游整体产品观念认为，一项完整的邮轮旅游产品由基本产品、期望产品、延伸产品和潜在产品四个层面构成。

1. 基本产品

基本产品是游客购买邮轮旅游产品时所获得的基本利益，是开展邮轮旅游的先决条件和吸引游客选择邮轮的重要因素，是能够满足游客需求的实实在在的产品。邮轮旅游基本产品既包括邮轮所提供的客舱住宿、餐厅美食以及各种休闲娱乐项目，还包括邮轮旅游过程中所欣赏到的自然风光和人文景观。

2. 期望产品

期望产品是游客在购买邮轮旅游产品时必然产生的种种期望，诸如舒适度、安全感、受人尊重以及良好的服务等。游客在参加邮轮旅游的过程中，除了消耗有形物质产品外，主要是对邮轮所提供的各种服务的消费。邮轮在满足游客参观、游览、住宿、用餐等基本产品的同时，还应该满足游客的主观愿望，诸如气氛、过程、便利、愉悦与放松等期望。

3. 延伸产品

延伸产品是指邮轮基本产品与期望产品的延伸和进一步完善。这些产品往往不属于必须提供的产品项目，但能够使之与其他邮轮产品区别开来，从而在激烈的市场竞争中获得优势。在为游客提供基本产品并使之期望得到满足的同时，可以进行邮轮旅游产品创新，比如“MSC 辉煌”号邮轮推出的“AC 米兰”主题航次。

4. 潜在产品

潜在产品是指现有邮轮旅游产品可能的演变趋势和前景，通常超越游客的期望和预料，是为满足个别游客的特殊需要而提供的特殊性、临时性的服务。

邮轮旅游产品的四个层面相互独立、各具特点又紧密相连。在这四个层面上，确保基本产品和期望产品的质量，是使客人满意的前提条件；延伸产品和潜在产品是邮轮旅游产品灵活性的具体表现，同时也是基本产品在现有价值之外的附加价值。这四个层次的全部意义在于提供一个具有质量保证、具有一定灵活性和竞争优势的邮轮旅游产品。

想一想 如果你准备选择海上邮轮旅游方式度假，你最关注的要素是什么？

经典邮轮赏析

船名：“MSC 辉煌”号（见图 3-2）

船东：MSC 地中海邮轮

船长：333.3 米

船高：66.8 米

吨位：137 936 吨

载客量：3 959 人

首航时间：2009 年 7 月

图 3-2 "MSC 辉煌"号邮轮

"MSC 辉煌"号（MSC Splendida）邮轮于 2009 年 7 月在巴塞罗那首航。作为地中海邮轮旗舰级船队"幻想曲级"中的一员，"MSC 辉煌"号邮轮绝妙地融合了现代高科技和卓越舒适度，配有 24 小时管家服务的"地中海游艇俱乐部"（MSC Yacht Club）也别具特色。

"MSC 辉煌"号邮轮充满了"绿色"概念，先进的节能和绿色环保系统为其赢得了"环保邮轮"的美誉。

（三）邮轮旅游产品的特征

相较于传统的旅游产品而言，邮轮旅游产品具有以下特征：

1. 特殊性

邮轮旅游产品的特殊性主要体现在旅游载体的特殊性。邮轮旅游以大海中航行的邮轮作为依托满足游客需要，邮轮既是旅游交通工具，也是旅游目的地，还是重要的旅游吸引物。游客从登上邮轮的那一刻开始，便进入一种享受式的生活，这座漂浮的"海上酒店"向游客传递全新的旅游度假概念，游客既不用带着行李一路奔波，也不用为频繁更换酒店而困扰。相比传统的旅游方式，邮轮旅游提供一种类似却甚于度假地的休闲体验。

想一想 为什么说邮轮既是旅游交通工具，也是游客的旅游目的地？

2. 综合性

邮轮旅游产品往往表现出高度的综合性。游客购买邮轮旅游产品，不仅可以获得餐饮、住宿、娱乐、购物等多种产品和服务，还可以进行海上休憩、岸上参观游览、潜水探险等活动项目，享受美好的邮轮假期。邮轮旅游综合服务的多种功能能够使邮轮旅游者在旅游活动中的各种需要获得满足，既可以尽情享受船上丰富的饮食、娱乐设施和服务，又可以保证充裕的观光、购物和饱尝地道美食的时间。

3. 娱乐性

旅游产品是一种具有娱乐性质的服务产品，娱乐性是旅游产品区别于一般产品的最本质特征。旅游产品是以"玩"为核心的娱乐产品，这正是其娱乐性的集中表现。邮轮旅游产品很好地体现出旅游产品娱乐性的特点。邮轮上提供的很多娱乐活动，都需要游客参与其中，而且具有一定的刺激性和挑战性，能够很好地激发游客的兴趣，使得游客即便在有限的邮轮空间上活动也能很好地满足其求新、求奇、求乐的需求，从而在消费时真正产生愉悦感。

4. 体验性

邮轮旅游产品是有形产品与无形产品的综合体。游客参与邮轮旅游，除了购买到基本的有形产品外，更重要的是获得美好的心理体验。邮轮带领游客在浩瀚的大海上航行，而海洋又是抽象的、运动的、变化莫测的，在不同的天气条件下，会有不同的体验感受。当游客在邮轮上体验大海的时候，无数的景观会涌现在他们的面前，其形态和变化是最多的，或风平浪静、波光粼粼，或潮起潮落、波涛汹涌，让游客感受到大海的变幻。邮轮航行至不同的港口时，岸上观光活动又可以使游客领略不同的城市风光与景点风光，获得不一样的生活经历。

5. 文化性

邮轮旅游产品同样具有文化性的特征。邮轮文化是一种国际交往及国际礼仪文化。不仅邮轮经济具有跨国经营的特点，邮轮上的游客一般也来自不同的国家，说不同的语言，使用不同的货币。由于邮轮旅游起源于贵族的休闲传统文化，其所有相关的服务、休闲娱乐、消费等都体现出奢华的特点，这就需要相关从业人员以及游客了解相关国际交往和礼仪知识。当前，随着人们经济水平的提高，美国皇家加勒比（RCCL）等各大国际邮轮公司抢滩中国市场，国内的普通百姓乘船出游已成为时尚，邮轮旅游文化的发展正逐步走向大众化。

经典邮轮赏析

船名：“海洋神话”号（见图 3-3）

船东：美国皇家加勒比邮轮公司

船长：264 米

船宽：32 米

甲板：11 层

吨位：约 70 000 吨

载客量：2 074 人

图 3-3 “海洋神话”号邮轮

“海洋神话”号（Legends of the Seas）邮轮于1995年下水，2000年重新装修，2008年成为美国皇家加勒比邮轮公司在中国母港出发的第一艘豪华邮轮，有“阳光邮轮”的美誉。“海洋神话”号邮轮一系列丰富多彩的娱乐休闲设施，能满足各个年龄层次客人的需求，使游客尽情享受邮轮旅程带来的无限欢乐。

“海洋神话”号邮轮是2009年中国政府特批以包船形式完成台湾首航的第一艘豪华游轮，曾在海峡两岸引起巨大轰动。

做一做

搜集“海洋神话”号邮轮资料，分析其旅游产品“文化性”特征的具体体现？

二、邮轮旅游产品的表现形式

（一）邮轮旅游航次

游客是邮轮旅游产品的最终购买者。游客在购买邮轮旅游产品时，是以邮轮的旅游航次作为购买对象。在邮轮公司设计推出的邮轮旅游航次中，游客享受邮轮上的各种设施与服务，欣赏浩瀚大海上的自然风光与沿途港口的人文景观，体验邮轮旅游所带来的休闲放松的乐趣，从而获得物质与精神上的满足。

邮轮旅游航次包含邮轮航行时间与邮轮航行线路两大要素。邮轮航行线路又可以分为往返航线和单程航线两种类型。

（1）往返航线（Circle Itinerary）。邮轮出发和到达都在同一个港口。

（2）单程航线（One-way Itinerary）。邮轮在一个港口出发，在另外一个港口抵达。

在邮轮旅游中，选择航线通常比选择邮轮要困难很多。一些游客会选择短途的航线，也有一些游客会选择航行时间较长的航线。在所有受欢迎的航线中，大部分航行时间为5至12天，其中以7天最为普遍。

资料卡

表3-1 “海洋神话”号邮轮“东亚之珠”航次行程表

日期	停靠港口	抵达时间	离港时间
第一天	上海宝山		17:00
第二天	海上巡游		
第三天	京都（大阪）	14:00	
第四天	京都（大阪）		17:00
第五天	福冈（日本）	15:00	20:00
第六天	釜山（韩国）	8:00	17:00
第七天	海上巡游		
第八天	上海宝山	8:00	

美国皇家加勒比邮轮公司“海洋神话”号自以中国作为邮轮母港以来，开辟了很多邮轮旅游线路，其中包括7晚8天的日韩航次“东亚之珠”——“上海—海上巡游—京都（大阪）—福冈（日本）—釜山（韩国）—海上巡游—上海”航线。

（二）邮轮旅游全过程

游客以邮轮旅游航次为单位购买并消费邮轮旅游产品，一般包括拟定计划、预订船票、港口登船、船上活动、岸上观光、港口下船六大环节。

1. 拟定计划

邮轮公司的旅游航次通常会提前一年拟定并向公众发布。游客制定邮轮旅行计划时，会首先考虑自己的时间要求与经济承受能力，同时也会充分了解各大邮轮公司的运营特色和差异性。比如美国嘉年华邮轮会提供更多的互动活动和亲子活动，皇家加勒比邮轮则有更为丰富的探险活动。除此之外，游客还应该考虑线路的长短以及出境游手续办理的便利性等。

2. 预订船票

游客确定了自己的旅行计划之后，可以向邮轮公司、旅行社或者旅游中介进行电话咨询或网上咨询，了解相关邮轮旅游产品的报价以及注意事项。很多旅行社在进行邮轮线路报价的时候给出的只是参考价格。预订成功之后，游客应该尽快支付预付款或全款以确保船位，并且签署预订确认书和行程协议书。邮轮旅游一般是出境游，因此游客还应办理相关的护照和签证。

3. 港口登船

游客参加邮轮旅游时，在预订好邮轮航次之后，需要提前抵达港口登船。如果游客距离登船港口比较近，可以直接驱车抵达港口。但大部分邮轮乘客家庭所在地并非登船的港口城市，这就需要游客提前预订好前往港口城市的机票或火车票，以便在邮轮出发前及时抵达。有时，游客在登船之前还可以在登船的港口城市作短暂停留并且游览相关的旅游景点。

一般情况下，游客在港口登船要经历以下程序：

（1）候检。候检时间一般为邮轮开船之前的2至4个小时。

（2）安全检查。游客进入候检大厅后，在入口处接受行李和随身物品的安全检查。

（3）舱位确认。票务台进行船票舱位确认、领取房卡、购买海港综合服务费等。

（4）海关检查。进入海关检查通道进行行李物品检查及申报。

（5）行李托运。一般有邮轮工作人员协助游客进行行李托运。

（6）出境边防检查。查验护照、签证等相关证件，办理出境手续。

（7）廊桥登船。船方工作人员检查船票，并且欢迎游客开始海上观光旅程。

4. 船上活动

邮轮既是交通工具，又是旅游的目的地。游客登上邮轮之后，便可在邮轮上享受邮轮旅游所带来的乐趣。船上活动多种多样，游客可以获得到物超所值的服务，比如品尝食物、观看表演、参加竞赛、放松、闲坐、聊天。

5. 岸上观光

作为旅行安排的主要组成部分，多数邮轮都会在航线途中停靠若干个港口。游客在船舶靠岸的时候通常有四种选择。

（1）参加邮轮公司组织的岸上活动。

（2）通过岸上旅行社游览当地风光。

（3）自行游览港口及附近地区。

（4）继续留在船上自由活动。

有的邮轮公司在一些比较成熟的线路会安排丰富多彩的岸上活动，诸如越野自行车、探险、潜水、深海钓鱼、海滨高尔夫球、野生历险、星空帐篷等，游客登船之后可以进行相关咨询并预订岸上观光活动项目。

6. 港口下船

邮轮航次结束之后，游客在港口下船，办理边检手续，提取行李，再进入海关检查区域进行申报并接受海关对行李物品的检查，之后便可离开。

邮轮抵达港口与出发港口在很多时候并不是同一个，游客下船便是邮轮旅程的结束，部分邮轮公司还会帮助游客购买返程的机票。

做一做

组成六人小组，模拟一个团队参加海上邮轮旅游度假必须经历的拟定计划、预订船票、港口登船、船上活动、岸上观光、港口下船六大环节。每人分工负责介绍一个环节的具体内容和要求。

三、邮轮旅游产品的价格

俗话说：价格是产品的介绍信。合理的价格构成也会成为游客参加邮轮旅游的重要驱动。邮轮公司会在每本邮轮旅游宣传册上标注每一邮轮航次的价格，并且告知这些价格中包含的项目，以方便游客估算邮轮旅游将要花费的费用，并作为选择邮轮航次的参考依据。

（一）邮轮旅游产品的价格构成

1. 邮轮公司报价包含项目

邮轮公司在对邮轮旅游航次进行报价时，通常有一些明确标示的价格项目。

（1）船票价格（Tickets Cost）。游客购买邮轮船票后，可以享受船舱住宿、指定餐厅免费用餐、参加指定娱乐活动项目等。

（2）乘客港务费（Harbor Dues）。港务费是邮轮进出港口和在港口停泊期间，因为使用港口的水域、航道和停泊地点而向港口缴纳的费用，一般按照船舶的吨位收取。乘客乘坐邮轮旅游需要缴纳乘客港务费，出游的地方不一样、停靠的港口多少不一样，所缴纳的港务费也不一样。

（3）燃油附加费（Fuel Oil Surcharge）。燃油附加费是邮轮公司向游客收取的反映燃料价格变化的附加费。

（4）小费（Tips）。部分邮轮公司需要游客在购买邮轮旅游产品时一次性支付小费的费用。在邮轮上，不管是服务生、客房服务员、公共区域服务员还是酒吧服务员，直接与顾客接触的服务员都有可能得到小费，这在邮轮上已经成为一种惯例。

以上项目一般于邮轮旅游出发前向乘客收取。

2. 邮轮公司报价不包含项目

通常情况下，邮轮公司对邮轮旅游产品的报价并不是游客进行邮轮旅游时所需要花费的全部费用。乘客登上邮轮旅游还会有一些额外的花费，在邮轮公司报价中没有体现出来，需要游客视需要自行承担。

（1）船上部分项目收费。包括游客在邮轮上特殊餐厅用餐以及电话、传真、购物、医疗、美容、赌博等私人消费费用。

（2）岸上观光费用。包括邮轮停靠港口时上岸观光游览的花费。

（3）出发、返程陆上交通费用。包括游客从家到邮轮登船港口以及游客下船后返家的汽车、火车或飞机等交通费。

（4）护照、签证费用。游客搭乘邮轮出境旅游时需要办理护照以及相应国家的签证，此部分费用由游客自行承担。

（5）保险费用。游客购买的旅游意外保险费用等。

做一做 上网查询“MSC辉煌”号邮轮的报价构成是怎样的？

（二）邮轮旅游产品的价格策略

各大邮轮公司通常会采取较为灵活的价格策略。邮轮船票价格的高低与邮轮所选择的航线、邮轮豪华以及舒适程度、邮轮客舱类型的不同以及淡旺季变换等因素有关。

邮轮船票价格的高低通常取决于游客所选客舱的类型以及客舱在邮轮上所处的位置好坏。一般而言，海景房比内侧客房的价格要高；阳台客舱的价格比无阳台客舱的价格要高；客舱所处的甲板层数越高，价格也就越高。

邮轮客舱价格通常根据一间客舱安排两位游客住宿作为标准。如果有三个人或者四个人同住一间客舱，那么第三、四人所支付的费用要低于第一、二人所支付的费用。相反，如果一位邮轮游客入住一间双人间，那么将会多支付一些费用，有的邮轮公司的要求是额外支付50%的附加费。儿童乘坐邮轮在作为第三、第四人入住时收取的价格会比较低。

还有一些其他因素也会影响到邮轮船票价格的高低。鼓励提前预订或者促进淡季销售，邮轮公司都会提供特别促销活动。提前预订时往往会享受到邮轮公司的折扣优惠，而当邮轮舱位没有被预定满时，最后的促销价格也会比较便宜。团队预定或者回头客也往往是获得邮轮公司优惠的条件。此外，如果预订船票之后需要取消订单，则往往需要向邮轮公司支付一定数量的违约金。

大多数邮轮采用无现金交易。游客登船以后，需要办理邮轮卡（Cruise Card）的注册，邮轮上多半使用美金和国际信用卡，游客在船上的消费将会直接划账到注册的信用卡账户。上岸前一晚，邮轮公司会给乘客一份私人消费账单，游客可以在登船之前进行核对。

想一想 邮轮公司通常会采取哪些有效的价格手段吸引游客？

资料卡

美国皇家加勒比邮轮公司价格政策

1. 船票费用

船票费用包括客人的船上住宿、海上交通、24 小时餐点、部分饮料和娱乐活动。船票价格以每人为单位，以两人一客房为基准。所有的报价都以美金计价，所有船上的消费也都以美元计价，包括岸上观光、购买物品及账单上所列的最终消费金额。

船票价格不包括机票、旅游保险、港务费、船上及岸上行程小费。

2. 消费项目

船上的消费项目有：咖啡厅、酒吧、娱乐厅、大剧院等单独出售的所有饮料；所有餐厅用餐时的特殊咖啡（如卡布基诺、特浓咖啡等）、含酒精类饮料、酒类、可乐、汽水等；纯属私人开销，如卫星电话费、美容美发、按摩、商店购物等；网络咖啡店及舱房内所有的上网费用；娱乐场的筹码；岸上观光行程；船舱内的瓶装矿泉水；船舱送餐服务小费；就诊挂号费用、治疗费及药费。

3. 第三、四位客人

皇家加勒比邮轮的舱房有专为第三、四位入住客人设立的折扣价格，而且无论是成年人还是小孩均可享受此优惠价格。所以当小孩以第三、四人的名额入住船舱，则可以享受此折扣价格。如果小孩以第一或第二名额入住，则需支付正常价格，没有任何优惠价格。

4. 船票价格变更

皇家加勒比邮轮公司保留未经通知变更船票价格的权利。对于付清订金的乘客来说，船票价格维持不变。

5. 港务费与税收

港务费与税收会根据邮轮停靠码头及当地政府不同收费而调整，该费用以当天销售系统中报价为准。

6. 支付定金

散客订金标准：1～5 晚航次：$100/人

6～9 晚航次：$250/人

10 晚以上航次：$450/人

散客全额支付：出发前 30 天（如果在出发前 30 天才预定，则直接支付全额）

要求订金与全额的到账日期以预定确认单为准。

团队订金标准：1～5 晚航次：$200/间

6～9 晚航次：$500/间

10 晚以上航次：$900/间

团队全额支付：在开航前 30 天之前，必须支付全额团款。

如果该航次是“假期航次”，例如，中国新年航次、圣诞节航次、元旦航次等，在开航前 90 天之前，必须支付全额团款。

7. 取消预订

表 3-2　　散客取消政策

航行晚数	距离出发日期	取消费用
3～7 晚	50 天以上	不产生取消费
	49～30 天	订金
	29～8 天	全款的 50%（不包括税和其他费用）
	7 天及以下	全款的 100%（不包括税和其他费用）
8 晚及以上	60 天以上	不产生取消费
	59～30 天	订金
	29～8 天	全款的 50%（不包括税和其他费用）
	7 天及以下	全款的 100%（不包括税和其他费用）
节假日航次	90 天以上	不产生取消费
	89～30 天	订金
	29～15 天	全款的 50%（不包括税和其他费用）
	14 天及以下	全款的 100%（不包括税和其他费用）

表 3-3　　团队取消政策

航行晚数	距离出发日期	取消费用
3～5 晚	46 天以上	不产生取消费
	45～30 天	订金
	29～8 天	全款的 50%（不包括税和其他费用）
	7 天及以下	全款的 100%（不包括税和其他费用）
6～9 晚	60 天以上	不产生取消费
	59～45 天	订金
	44～15 天	全款的 50%（不包括税和其他费用）
	14 天及以下	全款的 100%（不包括税和其他费用）

续表

航行晚数	距离出发日期	取消费用
10晚及以上	76天以上	不产生取消费
	75～45天	订金
	44～15天	全款的50%（不包括税和其他费用）
	14天及以下	全款的100%（不包括税和其他费用）
节假日航次	90天以上	不产生取消费
	89～30天	订金
	29～15天	全款的50%（不包括税和其他费用）
	14天及以下	全款的100%（不包括税和其他费用）

如遇签证拒签，无法退回已经产生的相关费用。未使用的旅游抵用券或者优惠券不得抵换现金。如果开船前未登船，在旅途中自行中断或临时取消，恕不退款。

8. 支付小费

船上的小费是预先收取的，每人每晚收取$9.75；如果是套房则需要收取$12.00。

餐厅服务员：$3.50　助理服务员：$2.00　领班：$0.75

舱房服务员：$3.50　套房以上房型：$5.75

在返航靠岸的前一天，客人会在房内收到4个有中文标识的信封，分别是给领班、餐厅服务生、助理服务生及客房侍应生的，所有的中国客人都是已经预付小费的，所以不需要再将钱放入信封，只需将与四个信封内容相匹配的代表已付小费的纸条，分别放入信封中即可。给客房侍应生的小费只需放在房内的写字台上，另外3份可在最后于正餐厅用餐时交给餐厅领班、餐厅服务生和助理服务生。自助餐厅不用给小费。

资料来源：http://www.rcclchina.com.cn/QA.aspx，2010年数据

子模块二　邮轮游客特点与产品设计

学习与训练子目标

- 了解邮轮游客特点与购买动机
- 掌握邮轮旅游产品设计内容与方法
- 熟悉邮轮旅游新产品类型与开发对策

多年前，乘坐豪华邮轮旅游还是贵族、富人独享的领域，而今已经成为世界旅游业中一个生机勃勃的行业。邮轮游客有着不同的特点以及购买动机，通过分析邮轮游客特点以及购买动机，才能更好地进行邮轮旅游产品的设计与开发，更有针对性地满足游客的需要。

一、邮轮游客特点与购买动机

根据国际邮轮协会近年来在美国的调查研究显示，绝大多数首次乘坐邮轮的游客（Non-cruisers）表示，邮轮旅游的体验和经历远远超过了他们的期望，而乘坐过邮轮的游客（Past Cruisers）中绝大多数表示日后会再次乘坐邮轮。这意味着在所有形式的度假旅游中，邮轮度假的顾客满意率最高，重游率也最高。

（一）邮轮游客特点

当前，邮轮旅游市场的绝大多数游客来自美国和加拿大，因而北美地区的邮轮游客特点很好地代表了国际邮轮市场上游客的特点（见表 3-4）。

1. 从收入水平上看

北美地区的邮轮游客年均家庭收入较高，说明邮轮旅游作为一项高档消费，消费群体主要集中在中产以上阶层。

2. 从教育程度上看

邮轮游客受教育程度也相对较高，2011 年，大约有 76%的邮轮游客具有大学及以上学历。

3. 从年龄特征上看

2011 年邮轮游客平均年龄为 48 周岁，2008 年为 50 岁，1995 年为 65 岁。相比之下不难看出，邮轮旅游游客呈现出明显的年轻化趋势。当然，也有资料显示，非邮轮旅游游客平均年龄 46 岁，与之相比，邮轮旅游市场的整体年龄仍然偏大。据预测，邮轮游客的年龄还将继续降低，越来越多的年轻人加入到邮轮旅游这种新型的度假方式中来。这一势态表明，由于邮轮目标人群的扩大，邮轮旅游人数会呈现继续增长的趋势，邮轮公司未来的利润也会不断增长。

参加邮轮旅游的游客几乎全部为结伴而行，将近五分之四的游客是与配偶一同出游，大约三分之一的游客带小孩出行。团队游客、蜜月游客同样也是邮轮游客中的生力军。

表 3-4　　国际邮轮旅游游客特征

短线行程（Short Cruise Itinerary）	长线行程（Longer Cruise Itinerary）
年轻人居多（Younger）	年长者居多（Older）
收入一般（More Modest Incomes）	收入较高（Higher Income）
学历不高（Less Educated）	受教育程度较高（More Educated）
全职工作（Full-time Workers）	退休或半退休（Retired or Semiretired）
喜欢大众目的地（Mass-market Destination）	喜欢异国情调目的地（Exotic Destination）
初次乘坐邮轮（New to Cruising）	邮轮旅游经历丰富（Experienced Cruisers）

邮轮旅游有着特殊的魅力，能够实现大多数人对度假旅游的向往。因此，随着人们收入水平的不断提高，必然有越来越多具有不同生活方式、兴趣爱好的人加入到邮轮旅游的行列中。另外，现代邮轮旅游服务的对象从早期高收入的有闲阶层向普通旅游者转移，邮轮旅游价格下降、行程缩短、趣味增加，也越来越贴近大众消费水平和短期度假人群。

想一想　为什么参加邮轮旅游的游客平均受教育水平都比较高？

（二）邮轮游客购买动机

游客参加邮轮旅游的动机较为复杂，有的仅仅是因为好奇，有的是因为旅游代理的推荐，归纳起来，大致有如下几种：

1. 邮轮旅游省心省事

邮轮旅游是一种省心省事的度假方式。游客参加邮轮旅游，不用到处寻找入住酒店，不用频繁地开装行李，不用考虑下一顿饭在哪里吃，邮轮旅游可以减少游客的这些担忧，从而使游客可以最大限度地利用假期时间。

2. 邮轮旅游远离烦扰

邮轮旅游可以使人远离尘世的烦恼。烟雾、污染、心理压力、疲劳、单调、交通、闹钟、铃声不断的电话、屏幕闪烁的电脑……然而，上述的一切与邮轮旅游全然无关，取而代之的则是海阔天空的天然景观、风格迥异的沿途城市与世外桃源般的独享环境。

3. 邮轮旅游服务周到

邮轮旅游可以使游客获得精到殷勤的招待。如今很多的旅游者不再单纯追求观光旅游那种只顾多看一些景点的旅游方式，而是希望在旅游活动中能追求更多的放松、舒适、休闲、娱乐、消遣和惬意。游客在邮轮上享用床边的早餐，慵懒地躺在阳光甲板上，在浴缸里泡热水澡，喝下午茶……享受无处不在的殷勤服务。

4. 邮轮旅游自由度高

邮轮为游客提供了种类繁多的活动，然而游客是否参与这些活动却是可以自由选择的。邮轮上的一天可以从甲板上的晨练开始，用完早餐后去选择去看电影或者参与一项体育运动，甚至可以坐在甲板的椅子上打盹儿。游客可以做任何自己想做的事情，当然也可以什么都不做。

5. 邮轮旅游航线广阔

邮轮可以航行到世界上最美丽的角落，游客可以乘坐邮轮去往广阔的天地，事实上，一些旅游目的地的最佳游览方式就是乘船，如加勒比海、地中海、阿拉斯加、印度尼西亚、挪威海峡等。

6. 邮轮旅游新颖独特

邮轮旅游作为一种新型的旅游方式，吸引了很多喜欢求新求异的游客的目光。很多人厌倦了相同的旅行方式，喜欢尝试新的度假体验，这也成为很多游客乘坐邮轮旅游的主要动力。很多研究表明，亲属、朋友和熟人之间的口碑相传是游客选择邮轮的原因之一，人们争相对邮轮旅游这一时尚事物进行追捧。

7. 邮轮旅游购物便利

邮轮上有便利的购物环境和免税商店。邮轮停靠的多个港口也有各自的购物特点。游客可以尽情挑选自己喜欢的商品，并且不用拖着这些东西从一个地方到另一个地方。

想一想

为什么参加邮轮旅游的游客平均年龄高于其他旅游方式？
邮轮旅游可以为年长者提供哪些便利？

8. 邮轮旅游可广交朋友

在邮轮旅游期间极易遇见并结识新朋友。人们选择了相同的邮轮、相同的航线以及相同的目的地，彼此之间乐于分享有趣的事情，并且邮轮上组织的丰富多彩的活动也为游客们提供了互相结识的机会。

9. 邮轮旅游增长见识

探求异地文化是游客出游的动机之一，乘坐邮轮旅游既是一次学习的体验，又是一次增长见识的经历。在航行过程中，游客会学到一些有关游览的港口的新知识，会更全面地理解游览线路所到之处的历史文化。有的邮轮公司还会安排专门的演讲与讲座，给游客提供增长见闻的机会。

10. 邮轮旅游产品丰富

邮轮旅游产品的种类繁多，几乎可以满足任何类型的消费者，包括单身的、家庭的、公司的游客等。有些游客参加邮轮航行的目的未必是度假，很多公司甚至会包下整艘邮轮开展一些商务活动。

11. 邮轮旅游物超所值

邮轮旅游是一种包价式的旅游产品，游客购买邮轮旅游产品时，可以清楚地知道自己在旅游过程中大部分项目的花费。

12. 邮轮旅游相对安全

在一个犯罪和恐怖主义容易发生的年代，游客会选择一种安全的度假方式。邮轮的环境是被高度监管的，任何非正常的事件都会被注意到。登、离邮轮会受到严格的控制，邮轮的构造特征和配备的安全装置使邮轮出现问题的可能很小。

想一想

根据你的观察和思考，邮轮旅游还有哪些购买动机？

（三）邮轮游客购买障碍

虽然邮轮旅游有着其他旅游方式不可超越的优势，但并不是所有的消费者在购买邮轮旅游产品时都不会心存疑虑。尤其是当消费者第一次参加邮轮旅游时，他们对邮轮旅游产品不甚了解，甚至会存有一些误解，不情愿购买。常见的邮轮旅游产品购买障碍有以下几种：

1. 邮轮旅游费用昂贵

通过对消费者的民意调查显示，这是购买邮轮旅游产品时的最大障碍。邮轮旅游产品大多是包价产品，旅游过程中的大部分费用全包含在内，那么标价就会很高，而且邮轮旅游产品需要提前 3 至 6 个月预订。因此，消费者不习惯远在出发前一次性购买整个旅游产品。

2. 邮轮旅游体验有限

在邮轮作为交通工具的时代，乘客们在船上做得最多的事情就是在船舱里睡觉，这在消费者心里留下深刻印象。尽管现在邮轮旅游已经大不一样，船上丰富多彩的娱乐活动会让游客乐此不疲、尽情尽兴，但是绝大多数消费者对此还缺乏亲身体验。因而，对于邮轮旅游的独特方式，尚需扩大宣传和推广力度。

3. 邮轮旅游适合老人

邮轮旅游产品是一种舒适、闲散的旅游产品，传统观念认为邮轮旅游这些特点更适合老年人。但随着邮轮公司产品的不断细化和丰富，越来越多的年轻人加入到这个行列。参加邮轮旅游的游客各个年龄段都有，而且呈现出年轻化趋势。

4. 邮轮旅游规范正式

邮轮旅游在很大程度上是一种随意而轻松的旅行。但是，在某些远洋邮轮上的主餐厅吃晚餐时，的确有一定的着装规范。正式的礼服在高档豪华的邮轮旅游中更常见。这个特点容易使年轻的旅游者对于登船旅游踌躇不前。

5. 邮轮旅游少停港口

过去的邮轮在港口停留时间极少超过 12 小时，而游客参加邮轮旅游的目的之一就是要尽力体验沿途港口城市的历史文化、风土人情，这就造成游客在港口上岸参观游览时间显得匆忙。目前，这个情况已经得到邮轮公司的关注和调整。为了满足那些希望增加港口停泊时间的游客，一些邮轮公司调整发航时间，增加在港口停泊时间，或建造速度更快的邮轮，从而增加邮轮在港停留时间。

6. 邮轮旅游缺乏安全

由于“泰坦尼克”号等一系列的海上灾难给世人留下了太多的恐惧和联想，使不少旅游者对于选择邮轮远行望而却步。随着现代科学技术的发展，目前的邮轮均已配备了更加安全的雷达操作系统和救生设施。船上尽管也发生过火灾，但火灾情况极为罕见且易于控制。

7. 邮轮旅游发生晕船

某些游客对车船移动极易产生不适感。现代远洋邮轮的稳定仪及其他设计可使该问题降到最低程度。邮轮往往在受保护的水域航行，产生颠簸的可能性较小，同时还可以通过晕船药丸等方法减轻晕船，这些方法也非常有效。

8. 邮轮旅游受到约束

为了使成百上千的游客有效流动，邮轮公司尽力使一切井井有条。但邮轮的组织管理并非死板僵化，而是有着较大的自由度。

9. 邮轮旅游空间狭小

相对于岸上的酒店而言，邮轮客房以及公共空间相对狭小，但设计师在扩大邮轮空间上已经具有相当的能力了。

除此之外，人们购买邮轮旅游产品的障碍可能还有：认为邮轮上会饮食过量而导致肥胖、到达港口的飞行距离过远、被迫与人交往、对邮轮旅游不够了解等。总之，要使邮轮游客满意的关键是为游客设计合适的旅游产品，而邮轮公司在向游客推介邮轮旅游产品时，也应该更好地了解游客的需求，以便为游客选择合适的邮轮以及线路，尽可能减少游客的购买障碍。

想一想

邮轮公司设计邮轮旅游产品时应该如何有针对性地降低游客的购买障碍？

二、邮轮旅游产品的设计与开发

邮轮旅游产品是开展各项邮轮市场活动的基础，邮轮旅游产品质量的提高和结构的优化是邮轮公司取得良好经济效益的关键。

（一）邮轮旅游产品设计

邮轮旅游产品设计是按照一定的规则合理地配置邮轮旅游资源的过程，主要关注邮轮旅游航线设计、邮轮旅游活动设计以及邮轮旅游产品价格设计等内容。

1. 邮轮旅游航线设计

邮轮旅游航线是邮轮旅游产品的具体体现，是邮轮公司对外销售邮轮旅游产品的主要形式。游客在选择邮轮旅游产品时，邮轮航线是主要考虑的因素。因此，设计好的邮轮旅游航线是非常重要的环节。

邮轮航线在进行设计规划之时，应该把握以下三方面的原则。

（1）沿途景点的区位性与可及性。邮轮航线设计要考虑沿途各景点目的地的区位性、可及性以及永续发展性等课题。一些地区在发展邮轮旅游方面客观存在有利条件或优越地位。目前全球邮轮航线比较密集的地区首推加勒比海地区，凭借紧邻美国的地利与地理优势，加上得天独厚的亚热带岛屿风情，获得了游客的普遍青睐。

（2）沿途景点的观赏性与吸引力。人们开展旅游活动最基础的形式就是观光，邮轮旅游活动也是从观光起步。邮轮游览景点的停靠选择和邮轮时间、节奏的安排，应该根据邮轮活动主题和不同需求来决定。一般来讲，具有丰富旅游资源的景点城市是邮轮航行的首选访问目的地。

（3）不同季节水域的适航性与安全性。航线设计时要考虑邮轮在各种不同海洋情况下的安全情况以及航行能力。邮轮公司既要充分了解航行水域的水文气象、地形地貌，还要认真做好邮轮安全营运中的每个环节，设计出一条既安全又经济的航行路线。

当前，各大邮轮公司提供的邮轮航线长短不一。一些邮轮公司倾向于提供短线旅游航线，一些邮轮公司则推出了“环游世界”邮轮旅游产品，航线遍及世界各地风景优美的地方。2011 年 1 月，意大利银海邮轮公司的“银神”号邮轮从美国洛杉矶出发，开启首个长达 119 天的“环球之旅”，期间访问了 25 个国家的港口城市。

经典邮轮赏析

船名：“银神”号（见图 3-4）

船东：银海邮轮

吨位：36 000 吨

载客量：540 人

员工：378 人
房型 ： 全套房
首航时间：2009 年 12 月

图 3-4 “银神”号邮轮

“银神”号（Silver Spirit）邮轮是意大利银海邮轮公司为游客呈献的一艘全新奢华邮轮。它拥有更多阳台、更多餐厅、更多船上设施，同时也为每位银海尊贵的客人带来更多惊喜和期待。“银神”号邮轮的内部装潢与家具陈设的细节与用料一丝不苟，以迎合高端旅客极尽讲究的品位。游客登上“银神”号，即可体验奢华的气派、亲切怡人的氛围、精致优雅的气息以及超豪华五星级服务。“一价全包式”的完美假期包括全天候 24 小时名厨餐饮、精品酒水饮料、丰富的娱乐活动、1:1 专属管家服务等。细致入微的服务从戴白手套的员工隆重的敬礼，到庆祝客人到来的盛有冰镇香槟酒的长笛形酒杯，深入到游客在邮轮上生活细节的方方面面。“银神”号邮轮是为最有眼光的客人设计的亲密的“度假胜地”，在 2011 年首个环游世界之旅中，航费 65 149 美元起。

做一做

上网查询意大利“银神”号邮轮的航线设计，并分析其航线具有哪些特点？

2. 邮轮旅游活动设计

乘坐邮轮往返于航线的各目的地之间，沿途欣赏风光、上岸参观游览、船上品尝美食、参与甲板活动等，都是邮轮旅游产品开发和设计的内容。

（1）船上活动设计。客舱住宿是邮轮旅游产品中标准化程度最高的要素。邮轮客舱住宿的设计应该根据游客的需求和支付能力来安排，既有价位相对便宜、能满足安全和卫生基本前提的适合于大众消费的客舱，也有适合于消费能力强、满足游客个性化需求的豪华套房。

餐饮是邮轮旅游产品的基本组成要素之一。邮轮餐饮产品的设计首先应考虑到游客的需求特征，如饮食习俗、口味习惯、生理和心理需求、饮食禁忌等，再结合航行区域的地域特征，在餐饮产品设计中融入美食文化，并与邮轮活动主题文化有机结合，提升邮轮旅游产品的吸引力。

邮轮娱乐活动的设计是邮轮旅游产品总体设计中的重要环节。在娱乐活动设计时，注意应考虑邮轮的市场定位、游客类型与他们特定的娱乐消费需求，注意娱乐活动的多样性、参与性、体验性等，使娱乐活动真正成为邮轮旅游的亮点。

邮轮旅游购物活动是邮轮旅游活动中的一项重要内容。邮轮上的购物除了设计购买日常用品以外，更多的应体现出购物的特色。在设计购物项目时，应充分考虑到商品的多样性和特色，使邮轮的购物场所成为一条微型商业街。

（2）岸上观光活动设计。岸上观光是邮轮旅游过程中非常重要的一项内容，根据其活动内容、规模与形式的不同，大致可以有以下几种类型。

① 观光类活动。游客可以在码头乘坐大巴到达岸上各风景名胜点，游览当地自然景观、历史文化遗迹等；可以乘坐水上交通工具去海岛观光；可以乘坐水上飞机从空中游览；也可以步行游览城市市容以及历史保护区等。

② 购物类活动。可以游览港口城市的商业街、逛夜店或者品尝异地风味佳肴。欧洲的很多港口城市常常是游客的购物天堂。

③ 体育类活动。游客可以享受一场热带海滨高尔夫球的身心愉悦；也可以体验骑越野自行车、四轮驱动车的乐趣，还可以将有兴趣的游客组成两支队伍进行沙滩足球比赛。

④ 亲水类活动。参加潜水游，欣赏充满奇趣的美丽海底世界。

⑤ 文化类活动。走访博物馆或者欣赏乐队的精彩演出。

⑥ 探险类活动。体验旷野与野生历险，感受神秘丛林以及星空帐篷的鲜活之旅。

为了让岸上观光活动别出心裁，一些邮轮公司还专门购买私人岛屿供游客嬉戏游玩。

（3）主题旅游活动设计。在邮轮旅游市场上，一些邮轮公司还创新性地推出一些主题邮轮旅游产品，正如意大利地中海邮轮“MSC 辉煌”号的“海上红黑之旅”，还比如有些邮轮公司推出“环游世界八十天”之旅。通过确定邮轮主题，发起宣传攻势，引起公众注意，从而创造新的邮轮客源。

此外，邮轮会议产品也是近年来邮轮产品创新的趋势。邮轮会议旅游产品是指人们利用邮轮举行各种会议而购买邮轮旅游产品和服务的综合消费。这一产品形式主要针对一些公司企业，是一种比较新型的邮轮旅游产品。一个海上会议或者奖励假期融合了最佳的商机与在海上逍遥的乐趣，这些都是在陆地上找不到的，无论是安排小型会议或者是大型集会，邮轮都是最佳的选择之一。

3. 邮轮旅游产品价格设计

邮轮公司在进行产品设计的时候，很多时候会通过价格调节来将产品打包出售以方便游客，常见的包价产品有前端包价产品、后端包价产品、全包价产品等类型。

（1）前端包价产品（Pre-package）。前端包价邮轮旅游产品包含游客从家到登船港口的交通费用以及旅游费用。有的邮轮公司推出婚礼包价旅游，新人们出发之前在邮轮上举行婚礼，之后随着邮轮的起航开始蜜月之旅。

（2）后端包价产品（Postcruise Package）。后端包价邮轮旅游产品是邮轮公司推出的与前端包价产品相对应的包价旅游产品，包括在邮轮抵达最终港口后游客所需要的旅游及返程交通费用。

（3）全包价产品（Full Package）。全包价邮轮旅游产品涵盖了游客参加邮轮旅游全过程的所有收费项目，既包括登船之前、离船之后的交通费用，也包括游客参加船上娱乐活动以及岸上观光活动的费用。全包价邮轮旅游产品也被称为“一价全包式”邮轮旅游产品，在一些奢华的小型邮轮上比较常见。

做一做

搜集某邮轮公司推出的邮轮旅游产品，分析该邮轮公司在进行该产品设计时考虑了哪些因素？这些因素对于该产品的推介发挥了哪些积极作用？

（二）邮轮旅游新产品开发

1. 邮轮旅游新产品开发的定义

任何一家企业在运营一段时间以后，都会面临如何进行新产品开发的问题，邮轮公司也不例外。竞争的压力、替代产品的出现、游客需求趋势的变化以及邮轮内部的革新与利润的驱动，都是邮轮旅游产品创新的动力。

邮轮旅游新产品开发是指邮轮对新产品的研究、构思、设计、生产和推广，其目的在于扩大邮轮产品品种，进一步诱导和满足邮轮旅游市场的需要。所有的邮轮公司都非常重视邮轮新产品的开发。在一定意义上，他们所开发的产品甚至超出了游客的预期。他们采用各种方法进行市场调研，从现实的和潜在的顾客那里收集数据，并利用这些数据来解释顾客的行为，预测顾客对新产品的反应。

2. 邮轮旅游新产品的类型

邮轮旅游新产品在其形式上可以分为完全创新的新产品和改进的新产品两种类型。

（1）完全创新的新产品。完全创新的新传品对于整个邮轮市场而言是一种全新产品，例如，邮轮上游泳池的首次出现以及 SPA 项目的首次出现等。

（2）改进的新产品。改进的新产品是邮轮市场上比较常见的，是在原有产品的基础上不进行重大改革，而只是在具体形式上改变，使得原有的产品性能更丰富，更能满足消费者的需要。例如，邮轮上风味餐厅的重新装修、邮轮婚庆旅游主题航次的改进等。

3. 邮轮旅游新产品的开发设计

（1）邮轮旅游新产品开发的原则。在设计和开发邮轮旅游新产品时，必须遵循以下几个原则：

① 独特性。求新是人们普遍具有的一种心理，新奇、独特的邮轮旅游产品对客人更加具有吸引力。挪威邮轮公司在夏威夷航线运营的船只上设有特色的“冰吧”，以满足游客对寒冷环境的新奇感知。

② 针对性。邮轮旅游新产品开发不是人云亦云，也不是闭门造车，而是在调查研究的基础上，考虑游客的需求而设计的。

③ 效益性。邮轮经营的重要目的之一就是获取利润，设计和开发邮轮新产品的目的之一也在于此。为了保证新产品能够带来利润，有必要进行可行性研究，同时要处理好近期与远期的关系。

④ 不断充实完善。邮轮旅游新产品应该不断改进，不断完善，不断创新，只有如此，才能吸引越来越多的旅游者，创造出越来越高的经济效益。

（2）邮轮旅游新产品开发的过程。邮轮旅游新产品的开发过程可以分为循序渐进的五个阶段。

① 构思产生。邮轮旅游新产品开发的第一阶段是寻找产品构思。新产品开发的构思来源是多方面的，包括邮轮内部公众的意见、消费者的需求和欲望调查、竞争对手产品的启发、旅行社等分销商提供的信息等。

② 构思筛选。综合考虑外部的市场需求、竞争状况、营销环境、自然环境以及内部的资金、设备、技术、经营管理能力等要素，逐步减少构思的数目，使新产品的创意越来越接近可行。

③ 营销战略。经过筛选后的新产品构思，还要进一步形成完整的产品概念，即把新产品的构思具体化，形成一种产品形象。同时，对新产品的市场吸引力做出评估，确定新产品是否有开发价值。

④ 产品开发。严格按照新产品概念所描述的内容进行，并且保证生产产品的成本不超过预算，且尽量缩短开发时间。

⑤ 全面商品化销售。正式向市场推广邮轮旅游新产品，并且采取适当的营销策略以推进产品的知名度。

做一做

以小组为单位，选择本组同学最喜欢的一家邮轮公司，为该公司的某艘邮轮开发设计一种邮轮旅游新产品，并有一位同学代表本组在全班进行新产品的推介展示。

思考与训练

一、多项选择

1. 以下属于邮轮旅游产品构成要素的是________。

A. 邮轮的设施　B. 邮轮的气氛　C. 邮轮的航线　D. 邮轮的服务

2. 关于邮轮旅游活动，以下说法正确的是________。

A. 参加邮轮旅游活动应提前预订，临近船期取消预订通常要缴纳一定的费用

B. 邮轮旅游至少应该准备一套正式服装，以备社交活动之需

C. 邮轮中途停靠港口，游客既可留在船上自由活动，亦可选择前往岸上观光

D. 邮轮船票涵盖了邮轮上所有的消费项目，因此在船上不需要额外付费

3. 设计邮轮旅游航线时应该考虑的要素有________。

A. 景点的区位性　B. 景点的观赏性　C. 水域的适航性　D. 水域的安全性

二、问题简答

1. 简述邮轮旅游产品的概念及其主要特征？

2. 举例说明邮轮旅游产品整体产品观念的四个层次？

3. 在你认识的朋友中，有人乘坐过豪华邮轮去旅游吗？尝试用以下问题采访乘坐过邮轮的朋友们：

（1）你乘坐的是哪一艘邮轮？

（2）你乘坐邮轮的最主要的动机是什么？

（3）你觉得乘坐邮轮旅游时，最美妙的体验是什么？最大的烦恼是什么？

（4）你还有再次乘坐邮轮旅游的计划吗？如果有，希望选择哪种类型的邮轮旅游产品？

4. 你有打算乘坐邮轮旅游的计划或愿望吗？请查询并取得某邮轮公司的邮轮旅游线路宣传册并仔细研究，然后尝试回答以下问题：

（1）有没有四天以下的邮轮旅游行程？

（2）有没有七天以上的邮轮旅游行程？

（3）邮轮公司是否提供了前包价旅游产品或者后包价旅游产品？

（4）邮轮公司如何对其邮轮旅游线路进行报价？

（5）你将选择该公司的哪条邮轮旅游线路？主要影响因素是什么？

（6）你将如何预订该公司的邮轮旅游线路？

（7）如果预订成功，你将如何进行行前的准备工作？必备的证件有哪些？如何进行办理？

拓展阅读

国际邮轮协会发布 2011 年度
邮轮度假消费调查

根据国际邮轮协会编制的最新消费者调查，美国人不仅越来越关注邮轮度假，而且对初次或再次参加邮轮旅游有着强烈的兴趣。在 3.04 亿美国人口中，7 300 万美国人曾经坐过邮轮旅游；年龄在 25 周岁以上、家庭收入在 4 万美元以上的目标消费群体有 1.33 亿人，其中有 3 600 万人希望在未来三年内参加邮轮旅游。

与以往年度的调查一样，由特恩斯市场咨询公司（TNS）完成的“2011 年邮轮市场状况调研”同样得出了重要结论，94%的消费者认为邮轮度假是令人满意的度假方式，其中有 45%的消费者选择非常满意，邮轮度假在全部度假选择中遥遥领先。特恩斯公司通过对超过 1 300 名初次邮轮游客和回头客进行调查，来分析其在未来度假选择、消费模式、旅行社选择以及其他事项中的喜好、态度和计划，并对包括邮轮度假在内的众多的度假活动进行比较。

国际邮轮协会的总裁兼首席执行官克里斯蒂娜·达菲说：“邮轮市场的调研情况非常乐观，充分显示了当前邮轮产业的持续增长。自 1980 年以来，国际邮轮协会成员始终保持着年均 7%的增长率。2010 年，邮轮公司载客能力总体上涨了 8.1%，其载客总量仍旧达到了 103.1%。消费者用这样一种特殊的方式告诉我们他们对于邮轮旅游度假的态度。总而言之，邮轮业的持续创新以及邮轮旅游产品承诺的兑现，使得数以百万计的美国人打算在不久的将来搭乘邮轮出游。”

2011 年邮轮市场调查盘点：

动机和态度

调查结果表明，大约有 3 600 万美国人（25 周岁以上，家庭收入 4 万美元以上）计划在未来三年内参加邮轮旅游，比 2008 年的 3 300 万人以及 2006 年的 3 100 万人有所增长。

77%的邮轮度假回头客表达了在未来三年内再次参加邮轮旅游的兴趣，50%没有参加过邮轮旅游的消费者表示将在未来三年内选择邮轮旅游。

邮轮旅游度假有很高的顾客满意度，这也是游客再次选择邮轮旅游的重要驱动力。游客对邮轮旅游的整体满意率是 94%，其中有 45%的游客选择“非常满意”，遥遥领先于其他休闲度假方式。

尽管人们表示度假旅游的价格昂贵，但很多人认为邮轮旅游度假非常超值。认为邮轮度假非常超值的比率为 17%，几乎是认为陆上度假比较超值的比率（9%）的两倍之多。

在回答关于最后一次参加邮轮航行问题的应答者中，有 60%的游客表示在此之前就参加过邮轮度假，有 40%的游客表示最后一次邮轮旅游也是他们的第一次邮轮旅游经历。这充分表明了邮轮旅游度假正不断吸引着新的游客。

与其他度假方式相比较，邮轮度假在以下方面“非常好”或“好”：

- 有机会访问多样化的目的地（56%）
- 省心省事，服务周到（44%）
- 享受各种各样的美食（51%）
- 抛开一些，远离烦忧（44%）

尽管有不同的细分市场和航行航线，人们首选的十大邮轮度假目的地包括：（1）加勒比海地区；（2）阿拉斯加；（3）巴哈马群岛；（4）夏威夷；（5）百慕大群岛；（6）地中海、希腊群岛；（7）欧洲；（8）巴拿马运河；（9）加拿大、新英格兰；（10）墨西哥。

邮轮度假

邮轮度假的主要目标市场（年龄在 25 岁以上，家庭收入在 4 万美元以上）是美国总人口的 44%。大约有四分之一（24%）的美国人参加过邮轮旅游，其中 11%是在过去的三年之中（2008 年这一比例分别是 20%和 10%）。

2011 年，参加邮轮旅游的游客整体质量较高，平均家庭收入为 9.7 万美元，平均年龄为 48 周岁，并且受到过良好的教育（76%是大学毕业）。

因为航线和细分市场的差异，邮轮游客的特征和喜好也不尽相同，然而，几乎所有的邮轮度假游客都是结伴而行，其中 80%与配偶一同前往，33%带有小孩，19%与朋友一起，18%与除了小孩以外的其他家庭成员结伴。

将近五分之二（38%）的邮轮游客是以团队或活动的形式参加邮轮旅游，其中团队出行的占 18%，蜜月旅行的占 11%，参加主题活动的占 10%。

在未来三年内计划参加邮轮度假旅游的消费者中，希望出行的平均天数为 7.5 天。40%的初次旅行者和 16%的回头客计划出行时间为 3～5 天。

超过五分之四（82%）的邮轮游客认为邮轮度假为其提供了很好的方式来尝试他们希望再次拜访的目的地。

选择邮轮度假的关键因素包括：目的地（35%），整体体验（19%），船只（12%），价格（23%），水疗、健身房、儿童设施等（11%）。

当被问及最吸引人的邮轮度假氛围时，邮轮回头客和初次巡游者分别表明了他们的喜好：随意优雅（67%和52%），休闲（63%和66%），乡村俱乐部（25%和21%），悠闲（44%和75%），正式（18%和12%）。

邮轮度假者拥有护照（83%）的比例高于没有参加过邮轮旅游的人（51%）。

旅行社选择

邮轮度假游客比非邮轮度假游客更多地使用旅行社服务（68%和45%）。这个数据可能比较保守，因为一些邮轮度假游客没有意识到他们的在线预订实际上是通过旅行社网上预订功能进行的。

93%的邮轮游客对他们的旅行社表示满意，其中60%表示非常满意。

受访者认为旅行社依然是提供最好服务的分销渠道。

66%的受访者表示选择旅行社的原因是其可以提供专业建议。

“所有的消费者都给予邮轮度假旅游较高的评价，即便是没有参加过邮轮旅行的消费者也是如此。因为价格、价值和其他因素，邮轮回头客比没有参加过邮轮旅行的消费者有更高的评价，这是非常重要的。”达菲表示，“这就解释了为什么邮轮旅游有较高的顾客忠诚度以及重游率，因为人们一旦选择了邮轮度假旅游，就很难再抵挡它的价值和非凡享受。”

专业英语词汇

cruise market	邮轮市场
circle itinerary	往返航线
cruise product	邮轮产品
cruise vacation	邮轮度假
get away from it all	远离都市生活
full package tour	全包价旅游
one-way Itinerary	单程航线
past cruiser	邮轮回头客
postcruise package	后包价产品
pre-package	前包价产品
travel agent	旅行社

模块四

现代邮轮接待服务

学习与训练总目标

- 掌握邮轮客舱对客服务项目及服务规范
- 掌握邮轮餐饮对客服务项目、服务规范及服务管理内容
- 熟悉邮轮各项休闲娱乐活动内容及常规服务
- 了解邮轮旅游的基本礼仪

课前阅读

皇家加勒比邮轮为客舱提供 iPad 产品

2012 年初，美国皇家加勒比国际邮轮公司开始为邮轮客舱添加 iPad（平板电脑）产品。第一艘幸运邮轮“海洋荣光”号（Splendour of the Seas）在 2012 年 2 月中旬完成加装，如图 4-1 所示。客舱内的 iPad 不会被固定，游客可以在旅行时将 iPad 带到邮轮的任何位置使用。新型 iPad 上的机载系统为游客提供菜单、客房服务、电影和互联网访问等多种业务。美国皇家加勒比邮轮公司计划在两年之内为旗下 22 艘邮轮中的其他 5 艘邮轮配备 iPad，这 5 艘邮轮分别是“海洋神话”号、“海洋富丽”号（Grandeur of the Seas）、

图 4-1 “海洋荣光”号邮轮

“海洋迎风”号（Rhapsody of the Seas）、“海洋幻丽”号（Enchantment of the Seas）和“海洋梦幻”号（Vision of the Seas）。

资料来源：http://www.traveldaily.cn/article/56342.html

阅读思考

1. 皇家加勒比国际邮轮公司为什么在邮轮客舱加装 iPad 产品？
2. 邮轮上的服务项目及内容与陆地上的酒店有何异同？

子模块一　邮轮客舱服务

学习与训练子目标

- 理解邮轮客舱服务的定义与主要任务
- 掌握邮轮客舱对客服务项目与服务规范
- 熟悉邮轮客舱对客服务质量管理

邮轮客舱是游客基本的住宿空间。细致、优质的客舱服务是游客获得美好邮轮旅程的关键，在很大程度上体现了邮轮的服务水平和质量。正因为这样，邮轮客舱会比邮轮上其他任何地方受到更多的、更为严格的检查。

一、邮轮客舱服务基础

（一）邮轮客舱服务的定义

邮轮客舱服务是对已经预定邮轮客舱的旅游者，在其到达邮轮后为其提供的干净整洁的客舱以及相应的热情周到的服务，使其完满地实现出游目的。

邮轮客舱服务是邮轮游客体验的必要组成部分，邮轮公司以高品质的客舱服务建立自己的品牌，并且不断进行创新和探索，从而支撑邮轮产品的有形要素，赢得更加忠诚的顾客。

（二）邮轮客舱服务的主要任务

客舱是邮轮为游客提供服务的主要部门，邮轮客舱服务的主要任务包括：

1. 保持客舱干净整洁

客舱是游客休息的地方，也是游客在邮轮上停留时间较长的场所，因此，必须经常保持干净整洁的状态。这就要求客舱服务员每天检查、清扫和整理房间，为游客创造良好的船上住宿环境。此外，由于客舱服务员具有清洁卫生的专业知识和技能，所以，除了保持客舱清洁以外，通常还要负责邮轮上部分公共场所的清洁卫生工作。

2. 提供热情周到服务

为了使游客享有愉快的邮轮假期，客舱服务员要为游客提供热情周到而有礼貌的服务。除了保持客舱的干净整洁，还要为游客提供问询、24 小时客房送餐、叫醒、物品租赁、贵重物品保管、行李等服务，以确保游客在邮轮度假时有温馨如家的感觉。

3. 确保设备运行良好

为了提高游客在客舱入住期间的舒适度，现代邮轮通常在客舱配备了很多现代化的客舱设施与设备。客舱服务员要做好邮轮客舱设施设备的日常保养工作，一旦设施设备出现故障，应立即通知相应部门维修，尽快恢复其使用价值，以确保邮轮游客的权益。

4. 保障游客各项安全

安全需要是游客最基本的需要。邮轮客舱服务的重要任务之一就是做好客舱的消防、安全、防盗等工作，并与邮轮上的安保部门紧密协作，确保游客的人身及财产安全。邮轮客舱服务员要有强烈的安全意识，为游客介绍邮轮基本安全常识，做好各项日常安全检查，消除各类安全隐患。

5. 负责布草洗涤保管

邮轮上一般设有洗衣房，承担着对床单等布草以及客衣、员工制服的洗涤任务。洗衣房不仅要做好对布草等各类棉织品的管理，降低客舱经营成本与费用，还必须按质保量完成各项洗涤任务，保证游客洗衣需求的满足以及邮轮经营活动的顺利进行。

想一想　举例说明邮轮客舱服务的重要性？

二、客舱对客服务接待

（一）客舱对客服务项目及服务规范

1. 客舱清扫（Cabin Cleaning）

相关调查表明，游客选择邮轮需要考虑多种要素，尽管不同类型、不同层次的游客对客舱的期望不尽相同，但对客舱清洁卫生的要求却是相同的。邮轮接待游客，要时常保持客舱整洁、舒适典雅、用品齐全。邮轮上的每间客舱都配有客舱服务员和助理客舱服务员，来负责日常的维护和清扫工作，以保证客舱达到规定卫生标准。

邮轮客舱清扫的项目主要包括撤换布草、整理床铺、清洁除尘以及补充日耗品等。

（1）撤换布草。定时或根据游客需要及时撤换游客使用过的脏布草，比如床单、枕套、浴巾和毛巾等。

（2）整理床铺。整理床铺是客舱清扫的重要内容。客舱服务员整理床铺，应该做到美观整洁、方便舒适、高效快捷。绝大多数邮轮为游客提供“开夜床”服务，部分邮轮还为游客制作“毛巾宠物”（Towel Pet），并且每天更换不同宠物花样，如图 4-2 所示。“毛巾宠物”是邮轮上的一大特色，深受游客的喜爱和欢迎。

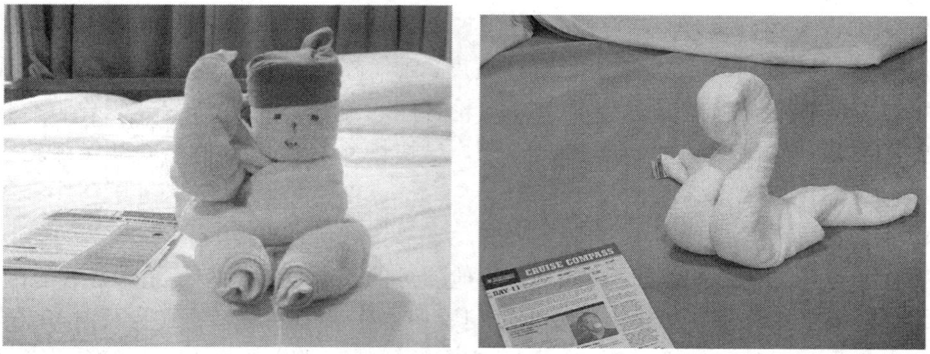

图 4-2　邮轮客舱“毛巾宠物”

（3）清洁除尘。包括倒垃圾及废弃物品、清理卫生间等。应该做到眼看到的地方无污迹、手摸到的地方无灰尘、卫生间清洁无异味等。与陆地酒店不同的是，邮轮客舱一般不配备烟灰缸。基于安全方面的考虑，邮轮上所有室内区域完全禁止吸烟，邮轮客舱也不例外。

（4）补充日耗品。适时适量对客舱日耗品进行补充，以方便客人使用。

资料卡

“开夜床”服务（Room Turn-down Service）

“开夜床”是对客房或客舱内的床铺进行简单整理，通过打开被角、放置问候卡等方式（见图 4-3），使客人感到舒适温馨、同时方便客人入睡的一种个性化服务。

“开夜床”服务的时间一般是晚上 6 点至 9 点之间。

图 4-3　“开夜床”服务

一般情况下，邮轮客舱每天至少清扫三次，分别是早晨客人起床以后、中午和晚上客人入睡之前。客舱服务员不仅要按照规定时间进行客舱整理，而且还要根据客人需求，随时为其提供清扫整理服务，做到定时与随时相结合。

客舱清扫作业的标准时间为 25～30 分钟，客舱服务员平均每天清扫客舱 14～16 间。

此外，有些项目是每天都要进行的工作，比如床铺整理、地毯除尘、写字台干擦等，有些项目则是隔一段时间才进行一次，比如翻转床垫、换床罩、除污、维修等。

对于不同的客舱状况，对清扫的要求和程度也有所不同。住客房（Occupied）只需进行一般性清扫，游客下船之后的走客房（Check-out）则需要进行彻底清扫。

想一想

客舱清扫时，应该“先抹尘、后铺床”还是“先铺床、后抹尘”？为什么？

2. 客舱洗衣（Laundry Service）

邮轮上一般都向游客提供洗衣服务，并且大都设有洗衣房，如图 4-4 所示。洗衣服务从洗涤方式上讲有干洗（Dry-cleaning）、水洗（Laundry Service）和烫洗（Pressing）三种类型。从洗涤速度上讲，有普通服务（Regular Laundry Service）和快洗服务（Express Service）两种类型，每种服务都要在规定的时间内完成。

图 4-4 邮轮上的洗衣房

邮轮客舱放置有洗衣袋和洗衣单，游客若有需要洗涤的衣物，可填写洗衣单放进洗衣袋，或者要求服务员代填并将衣物送至洗衣房干洗、水洗或烫洗，部分邮轮也有投币式自助洗衣设备。填写洗衣单时，要注明姓名、房号、日期、所需洗涤各类服装的件数，并标明要求提供普通服务还是快洗服务。服务员收到客人送洗的衣物时，必须仔细检查客人衣物有无破损、严重污点、退色、不适合洗涤、衣袋里有无东西、衣物的扣子有无脱落等情况。如有问题，必须与客人讲明，并得到客人的最终授权后，方可为客人提供洗涤。送洗的衣物，必须按质、按时、按要求，如数送交回客人。若有缺损，应按照洗衣单中关于赔偿的事项，向客人进行赔偿。大多数邮轮公司还会为游客提供皮鞋保养服务（Shoe Shine Service），通常情况下，保养后的皮鞋会在 1 小时后送还。

想一想

服务员为什么对游客交洗的衣物要进行认真检查？应检查哪些方面？检查之后怎样处理？

3. 客舱送餐（Room Service）

客舱送餐是指应顾客要求将其所点餐饮送至客舱的一种服务。在邮轮上，某些游客由于生活习惯或特殊要求，如早起、患病、会客等，会要求在客舱内用餐，因此客舱送餐服务同样是满足游客饮食需求、增加经济收入、提高服务质量的重要环节。

在邮轮客舱内，有专门设计的客舱送餐服务餐牌，摆放在床头柜或是写字台上，上面标明客舱送餐服务电话。客舱送餐可以用托盘提供，也可以用餐车送上。这要视所送餐食饮料的多少而定，如用餐车送餐，要小心谨慎，以免因地毯不平或松动而翻车。另外，送餐时要使用保温、保暖和保持清洁卫生的用具。

提供客舱送餐服务时，要及时将客人用过的餐具和剩物撤出，一般在一小时后，征得客人同意后撤出，以免影响客舱内卫生和丢失餐具。收东西时，要注意清点餐具并检查有无破损，同时还要注意保持房内清洁。

此外，为了方便游客在客舱内享用酒水、饮料，一些邮轮公司还会在客舱内配备小酒吧，存放一定数量的软硬饮料和干果，并注明储存数量和单价，供游客自行取用。客舱服务员每日清点酒水饮料数量，记录客人的耗用情况，同时按照规定的品种和数量补充齐全。

4. 卫星电话（Communication Service）

邮轮上的每间客舱都安装有卫星电话，船上还备有传真机可以接收、发送重要讯息。卫星电话可以直接拨打全球各地电话，拨通后不论是否有人接听，即开始计费，收费标准由各邮轮公司制定；客舱之间拨打电话只需要直拨房间号码即可。此外，客舱电话还可以为游客提供自动电话叫早服务（Morning Call）。

5. 数码客舱（Digital Cabin）

随着现代信息技术的发展和网络的广泛应用，现代邮轮客舱为游客提供了便利的网络环境。游客可以在私人客舱内，享受拨号上网乐趣或通过无线方式联通网络。此外，“海洋荣光”号邮轮客舱中 iPad 等数码产品的使用，也使得现代客舱服务迈上一个新的台阶。

经典邮轮赏析

船名：“海洋荣光”号（见图 4-5）

船东：美国皇家加勒比邮轮公司

船长：264 米

船宽：32 米

吨位：70 000 吨

载客量：2 076 人

首航时间：1996 年 3 月

图 4-5 “海洋荣光”号邮轮

“海洋荣光”号（Splendour of the Seas）邮轮由法国造船业泰斗圣纳泽尔阿尔斯通造船厂精心打造，其内部设计装潢典雅高贵，呈现金碧辉煌的气势，现代与古典的完美结合成就一幅精美的画卷，淋漓尽致地装点游客的海上假期。2012 年，“海洋荣光”号邮轮成为皇家加勒比邮轮公司首艘在客舱配备 iPad 产品的邮轮。

6. 物品租赁（Rental Service）

游客在入住客舱期间，可以享受物品租赁服务，如临时借用婴儿床、睡枕、冰袋、体温计、手机充电器、无线上网设备等。在邮轮客舱服务指南中，都标明了可供借用的物品名称及借用方法。游客借用和归还物品时，需要办理借用和归还手续。游客下船之前，客舱服务员应通知客人归还借用的物品。

7. 贵重物品保管（Safe Deposit Service）

邮轮客舱一般设有保险箱，游客搭乘邮轮旅游时如果携带有珠宝首饰、重要文件、摄影机、照相机、手提电脑、现金、信用卡等贵重物品，一般应提醒游客放置于随身行李中保管，或者锁在邮轮客舱内的保险箱中。

除此之外，游客在客舱入住期间，还可享受货币兑换、行李、问询与留言等各项服务。由于种种原因，游客在船上期间还有可能要求调换客舱，尽管这在一定程度上给邮轮客舱接待服务和管理工作带来不便，但还是应在条件许可的情况下尽量满足游客的要求，使游客在邮轮客舱入住期间一切称心如意。

做一做

以七人为一小组，每人分别模拟邮轮客舱对客服务的一个项目及服务规范。

（二）客舱特殊客人服务接待

1. 贵宾客人服务（V.I.P. Guest Services）

在邮轮客舱日常接待服务中，对贵宾的服务是一项极为重要的工作，主要包括准备服务、迎接服务、入住期间服务和离船服务四个环节。

（1）准备服务。贵宾一般入住邮轮上的豪华套房。在贵宾抵达邮轮之前，选派经验丰富的客舱服务员彻底清扫客舱，按规格配备好各种物品，摆放船长问候信、迎宾鲜花及果篮等。同时，通过“贵宾接待通知单”全面了解贵宾的相关情况与需求细节，以便为其提供个性化的服务。

（2）迎接服务。在贵宾抵达邮轮时，有专人负责为其办理登船手续和行李服务。比如丽星邮轮公司为上将级的贵宾客人（Admiral Class）提供“黄地毯”登船服务，使用专属的贵宾通道登船。相关级别的管理人员在登船口或廊桥迎接问候，向贵宾致以欢迎和问候，并且根据情况进行适当介绍和引领。

（3）入住期间服务。优质的对客服务，可以让贵宾在客舱入住期间感受到特别的尊重和礼遇。客舱服务人员应正确称呼和问候贵宾，根据所了解的情况和服务观察为其提供各种针对性服务，并对贵宾在邮轮上的用餐、娱乐等各项活动进行跟进，为其提供各种便利。在邮轮靠岸期间，为贵宾提供相应的岸上观光指引。同时，配合安保部门做好安全工作。例如，在服务中为贵宾保守其身份和行踪秘密，不将客舱号告诉无关人员等。

（4）离船服务。贵宾离船之时，客舱服务员应主动为贵宾提供行李服务，并迅速检查客舱，查看有无客人遗留物品，如有发现，应尽快归还客人。若遇设备损坏，应通知上级管理人员，由相应级别管理人员进行处理。除非重大损失，一般不要求赔偿。

为了给贵宾客人提供周到、完善的服务，绝大多数邮轮提供贴身管家服务（Butler Service），由专属邮轮管家对贵宾进行全程接待。

资料卡

贴身管家服务（Butler Service）

贴身管家服务（Butler Service）是游客在邮轮旅游期间所获得的全过程跟进式服务。“We’ll try our best to do almost anything that is legal for you”（我们将尽全力满足您所有合理要求）是贴身管家服务的理念。管家服务体现了一些邮轮公司高品位、个性化服务的特征。

管家服务的主要内容包括：查询游客的历史信息，根据客人的喜好做好客舱布置和赠品摆放；协助游客办理相关手续，做好客人抵达时的迎候工作；安排客舱清洁、整理、送餐、洗衣等各项服务，确保客人的需求在第一时间予以满足；做好游客在餐饮、娱乐等方面的沟通和跟进，满足并超越顾客期望等。

做一做

讨论邮轮客舱 V.I.P.贵宾接待的注意事项，并以小组为单位模拟进行服务员对邮轮客舱 V.I.P.贵宾的接待。

2. 病客服务（Disease Guest Services）

游客在海上邮轮旅游期间，可能会因不适应而突发病情。如遇到游客在邮轮上生病，客舱服务员应给予其特殊关照，并表现出同情、关怀和乐于助人的态度。

病客服务的主要内容有：

（1）礼貌询问客人病情，提醒并陪同客人前往邮轮医务室就诊。

（2）建议并协助客人与亲朋好友取得联系，推荐适合客人的饮食。

（3）将客人生病情况及时上报上级管理人员。

（4）若有客人要求代买药品，应婉言拒绝并积极建议客人前往邮轮医务室就诊。

（5）如遇病危客人应及时与邮轮上的医生取得联系。

（6）对客人住过的客舱应进行彻底清洁并消毒。

想一想 为什么客舱服务员要婉言拒绝为游客代买药品？

3. 残疾客人服务（Disabled Guest Services）

在残疾客人中，常见的有三种类型：一是坐轮椅的腿部有残疾的客人；二是盲人或视力不佳的客人；三是听力不佳的客人。在邮轮客舱服务中应根据残疾客人行动不便以及生活自理能力差等特点，给予特别的照料。

残疾客人服务的主要内容有：

（1）客人抵达前。了解客人的姓名、残疾的表现、生活特点、有无家人陪同以及特殊要求等，做好相应的准备工作。

（2）客人抵达时。问候客人并协助客人提拿物品、入住客舱；向客人介绍客舱内物品，帮助客人熟悉客舱内的环境；

（3）客人入住期。给予客人特殊照料，通过邮轮上其他相关部门的协作，提供让客人满意的服务等。

现代邮轮上均配有专门服务于残疾人的客舱，通过配备轮椅、无障碍出入、防滑地面、遥控自动窗帘、灯光显示门铃等，为残疾客人提供了很多便利。

想一想 客舱服务员发现游客患病后在积极建议他去邮轮医务室就医的同时，还要及时向上级管理人员报告。这是为什么？

三、客舱对客服务质量提升

游客在客舱居住期间，客舱服务要能满足游客物质和精神两方面的需求。物质需求要求邮轮提供清洁、美观、舒适、方便的居住空间；精神需求要求客舱服务人员提供热情好客、体贴入微的关怀。为了满足这两种需求，获得更多的顾客满意和顾客忠诚，邮轮公司非常注重客舱对客服务质量的提升，并且做了大量工作。

在邮轮日益平民化的现代，邮轮上的乘客一律被奉为上宾，没有阶层上的差别。游客参加邮轮旅游，虽然客舱的大小和位置决定了舱房的价格，但所享受到的服务项目都是一样的。在游客抵达之前，通过岸上销售部门来了解游客的准确信息，能够更好地预测顾客需求，为游客提供相应的服务。在载有大量游客的邮轮上，信息必须准确、有效并且及时。

员工的服务意识也是提升对客服务质量的关键。美国皇家加勒比邮轮公司为顾客提供金锚服务（Gold Anchor Service），并将其作为一种服务理念融入员工日常培训之中。金锚服务要求员工为游客提供友好而个性化的服务，比如客舱服务员记住小朋友玩具熊的名字，帮助游客选择靠岸港口最超值的购物商店，或者提醒客人晚餐的预订时间等。

意大利歌诗达邮轮公司同样提出了“5 Point Plan”对客服务计划，通过倾听、移情、询问、矫正行动等，将顾客的抱怨转化为良好评价或购买行为。

资料卡

歌诗达邮轮“五项计划”（Costa—5 Point Plan）

➢ Don’t fall at the first fence—listen　倾听
➢ Don’t jump the empathy stage & show understanding　移情
➢ Ask questions to……　询问
➢ Corrective action　矫正行动
➢ Follow up & make the difference—Turn a complaint into an excellent comment or sale　将抱怨转化为良好评价或购买行为

想一想

代表意大利歌诗达邮轮公司客服部策划并设计一个《邮轮对客服务质量评价反馈表》，作为考察员工服务规范与改进邮轮未来工作的依据。

子模块二　邮轮餐饮服务

学习与训练子目标

◆ 熟悉邮轮餐饮服务的定义与饮食项目
◆ 掌握邮轮主餐厅、自助餐厅以及酒吧服务规范
◆ 理解邮轮餐饮服务管理的主要内容

无论是传统邮轮还是现代邮轮，满足游客饮食需求的各式菜谱、装饰装潢别具一格的各类餐厅、热情而又个性化的餐饮服务，都是邮轮产品的重要组成部分。各大邮轮公司试图通过精致的美食供应和多样的就餐选择来使自己与众不同，让游客在邮轮旅游度假之时，充分享受无与伦比的海上饕餮之旅。

一、邮轮餐饮服务基础

（一）邮轮餐饮服务的定义

邮轮餐饮服务是邮轮餐饮员工为游客提供的有关餐饮消费的设施、餐具、菜肴、酒水以及帮助游客用餐的一系列行为的总和。

邮轮餐饮服务分为直接对客的前台服务和间接对客的后台服务两大部分。前台服务是在主餐厅、自助餐厅、酒吧等场所面对面为游客提供服务；后台服务是厨房、管事部门所进行的工作。前台服务与后台服务相辅相成，构成了为就餐游客提供菜肴饮品的全过程。

（二）邮轮上的餐厅与美食

邮轮上的餐厅与美食是邮轮体验的构成部分，绝大多数包含在度假费用之中。然而，邮轮品牌为了创收以及丰富游客的就餐体验，为游客提供了更多的、更为方便的就餐选择，而且这种趋势正在不断增强。

1. 邮轮上的餐厅

邮轮上经营各种不同类型的餐厅，以满足不同游客的需求，主要包括：

（1）主餐厅。邮轮主餐厅常常反映邮轮品牌的风格和标准，通过提供色香味俱全的精致饮食，使游客品尝世界顶级厨师的创作，沉浸在一次较为正式的就餐体验之中。

（2）休闲餐厅。邮轮上的休闲餐厅通常以自助餐为主，为游客提供更为轻松自在的就餐选择。主餐厅和休闲餐厅一般都会提供下午茶。

（3）特色餐厅。比萨店、汉堡店、热狗烧烤店等为特定游客提供了选择的机会；冰激凌售卖点一般设置在泳池甲板以及休闲活动区域。

如果这些餐厅的就餐选择没有满足游客的需求，游客也可以选择邮轮上的 24 小时客舱送餐服务。

2. 邮轮上的美食

邮轮上的美食选用世界各地优质的原材料，由世界顶级厨师烹饪而成，西式菜点、中式美食、泰式风味餐应有尽有，一天 24 小时均有美食供应。

（1）邮轮早餐（Cruise Breakfast）。在新的一天开始的时候，游客可以期待邮轮上的早餐，主要提供水果（Fruit）、冷冻果汁（Chilled Juices）、谷类食物（Cereals）、酸奶（Yogurt）、面包（Bakery）、饮料（Beverages）等。

（2）邮轮午餐（Cruise Launch）。邮轮上的午餐主要以西餐餐食为主，开胃菜、沙拉、主菜、甜点供应充足。游客既可在主餐厅享用，也可在自助餐厅大快朵颐。

（3）邮轮晚餐（Cruise Dinner）。邮轮晚餐在邮轮上享有盛誉，除了享受丰盛的美食，也是游客在邮轮上为数不多的着正装的机会。

（4）午夜自助餐（Midnight Buffet）。午夜自助餐曾经是邮轮上的特色，但目前邮轮上均已实行 24 小时餐饮服务，故午夜自助餐正逐渐淡化。

（5）邮轮甜点（Cruise Desserts）。邮轮甜点品种丰富多样，还有专门为孩子们提供的儿童餐，诸如意大利面（Spaghetti）、肉丸（Meatballs）、热狗（Hotdogs）、汉堡包（Hamburger）、薯条（Fries）和比萨饼（Pizza）等。

在邮轮上，用餐的地点及餐食的内容选择及变化相当丰富，通常早餐和午餐的地点可以随意挑选。游客若有素食、低盐、低糖、低胆固醇等特殊餐食要求，邮轮公司也会尽量满足游客的合理需求。

我国是世界公认的三大烹饪王国之一，有着悠久的烹饪艺术历史。很多邮轮公司开始把目光投向地道的中国菜肴，而邮轮上的中餐厅也在满足游客饮食需求、引领饮食潮流方面发挥着重要作用。

此外，邮轮等级的高低在一定程度上体现在食物上。美国嘉年华邮轮公司的船上有大量烹制的宴会食物（Banquet Food），比如鱼子酱、鹅肝和新鲜龙虾。意大利银海邮轮公司的船上，很多菜肴都是现场制作，用料也十分考究。

经典邮轮赏析

船名：“嘉年华梦想”号（见图 4-6）

船东：美国嘉年华邮轮公司

吨位：130 000 吨

载客量：3 646 人

员工：1 367 人

航速：22.5 节

首航时间：2009 年 9 月

图 4-6 “嘉年华梦想”号邮轮

“嘉年华梦想”号（Carnival Dream）是美国嘉年华邮轮品牌旗下吨位最大的邮轮，与其姐妹船“嘉年华魔力”号（Carnival Magic）一起，创造了嘉年华邮轮家族新的等级。

除了华美富丽的邮轮设计和欢快自由的休闲娱乐，“嘉年华梦想”号上格局特色的餐厅——主餐厅（Main Dining Rooms）、美味餐厅（Delectable Dining）、餐饮体验馆（Dining Experience）、艺术牛排店（The Chef’s Art Steakhouse）、卡布塔诺的厨房（Cucina del Capitano）为游客带来味觉上的美好享受。

想一想 为什么说“邮轮等级的高低在一定程度体现在食物上”？

二、邮轮餐饮服务项目及规范

（一）主餐厅服务

1. 主餐厅服务礼仪规范

邮轮上的主餐厅以提供西餐正餐为主。餐厅里洁白的桌布，闪亮的刀叉、餐具和玻璃器皿，精心挑选的色调、材质和家具，还有柔和的光线、音乐以及环境的戏剧风格增添了不少用餐气氛。

主餐厅正餐服务一般包括餐前服务、餐间服务和酒水服务几个方面。

（1）餐前服务礼仪规范。游客到邮轮主餐厅用餐，餐厅服务员应引领客人至就餐座位并祝客人用餐愉快。引领入座应一步到位，走位合理，手势规范。服务员选择合理的站位，目视客人，双手呈递酒单、菜单。向客人介绍菜品时，应尊重客人的饮食习惯，并询问客人有无忌口的食品，征求客人对生熟程度的要求。

（2）餐间服务礼仪规范。厨房出菜后，服务员应及时上菜。传菜时使用托盘。托盘干净完好，端送平稳。传菜服务员行走轻盈，步速适当。西餐上菜速度与客人用餐速度相适宜。热菜和冷菜应分别放入经过加热或冷却处理的餐盘中。上菜时，双手端平放稳。报菜名时吐字清晰、音量适中。需要派菜时，服务员选择合理的站位，手法熟练，动作卫生。随时观察客人用餐情况，适时撤盘。

（3）酒水服务礼仪规范。尊重客人的饮食习惯，根据酒水与菜品搭配的原则，向客人适度介绍酒水。服务整瓶出售的酒品时，应先向客人展示所点酒品，经确认后再当众开瓶。斟倒酒水前，保证饮用器具清洁完好，征得客人同意后，按礼仪次序依次斟倒。酒水斟倒量应适宜。

资料卡

西餐服务礼仪规范

一、西餐上菜顺序

西餐上菜顺序是开胃菜或头盘、汤类、蔬菜、冷菜或鱼、主菜、餐后甜点和热饮。

二、西餐服务类型

1. 法式西餐服务

- 典雅、庄重、周到、细致，十分讲究礼节。
- 每桌客人由一名服务员和一名助理服务员进行服务。服务员接受顾客点单、上酒水、即兴烹制表演、递送账单。助理服务员传菜、收拾餐具、听从服务员安排。
- 菜肴在厨房全部或部分烹制好，用银盘端至餐厅，服务员在烹饪车上最后烹饪加工，切片装盘后端给顾客。

2. 俄式西餐服务

- 菜肴量大、油厚，讲究实惠。采用大量银质餐具，优美文雅。
- 由一名服务员完成整套服务。根据顾客需求派菜，每派一道菜都要换清洁的刀叉。
- 适合服务于人数较少的家庭聚会。

3. 英式西餐服务

- 气氛活跃，节奏较慢，适用于宴会或家庭式服务。
- 铺台时不摆餐盘，菜食连同菜盘放置在客人面前，一般不派菜。
- 各种调料、配菜摆放在餐桌上，由客人根据需要互相传递自取。

4. 美式西餐服务

- 自由、简单、大众化。
- 上菜一律用左手从客人左侧上，撤盘时由用右手从客人右侧撤走。
- 服务操作动作快，客人用餐也比较自由。

做一做

以小组为单位，进行西餐正餐服务接待的情景剧展示，并讨论归纳其特点有哪些？

2. 主餐厅餐饮安排

邮轮上游客众多，主餐厅晚餐的座位和梯次通常由邮轮公司事先做好安排。游客如果要在主餐厅用餐，需要通过预定确定就餐梯次和座位号码。

一般情况下，第一梯次（First Seating）游客用餐时间在 18:00 左右，第二梯次（Second Seating）游客用餐时间在 20:00 左右。餐厅餐桌的尺寸大小不一，用餐规模在 2～8 人。如果是梯次用餐，邮轮公司通常会采取"编桌入席制"，游客固定餐桌座位号码。也有一些邮轮公司推介自由就餐地点，即"自由坐席制"（Open Seating）。

想一想

"编桌入席制"和"自由坐席制"分别有哪些优缺点？

此外，礼节和着装也是很多邮轮的特色，很多邮轮品牌倾向于为游客创造着正装的机会，以此加深游客的印象。邮轮游客在主餐厅享用晚宴时，邮轮公司都会预先提醒游客注意"服装穿着代码"（Dress Code）。传统上男士需要穿着燕尾服（Tuxedo），更多的时候穿着西装外套，配以衬衫、领带、黑色或深色皮鞋。女士穿着西式晚礼服或中式旗袍，并搭配相应的配饰。正式的晚宴穿着牛仔裤、圆领衫是失礼的行为。

（二）自助餐厅服务

1. 邮轮自助餐特点

自助餐是由游客自己动手，在餐厅事先布置好的餐台上任意选菜，自行取回到座位享用的自我服务的用餐形式。邮轮上自助餐的主要特点有：

（1）就餐形式自由活泼。在主餐厅中由服务人员完成的服务项目，在自助餐厅由游客自己完成或者餐厅只提供部分服务。这种就餐形式活泼、挑选性强、不拘礼节，被更多的邮轮游客接受。

（2）员工操作简单快捷。自助餐厅餐桌摆设、标准化区域都很简单，铺地毯的区域也相对较少，因此员工操作起来更加简便。自助餐避免了餐厅在早、中餐时的紧张，既能更加有效地调配员工，厨房也可以更加准确地计划生产。

（3）菜肴设计丰富多样。为使食物对游客产生足够吸引力，自助餐厅使用一些设备来显示食物种类，表明食物处于适宜温度中。尽管一些普通食物种类，如面包、沙拉、调味品等，每天基本一致，但汤、鱼、肉等主要食物种类会根据行程计划而每天变换。食物种类的设计跟行程计划上所到的港口的烹饪特色是相呼应的。

想一想

请分组讨论游客在自助餐厅用餐时需要讲究什么样的自助餐用餐礼仪？

2. 自助餐厅服务程序

（1）开餐前的准备工作。开餐前的准备工作包括：

① 清理自助餐台，并摆放鲜花等装饰点缀。

② 已经消毒的餐具、刀叉、餐盘、筷子等要准备充足，并按照规定码放整齐。

③ 根据菜点精心准备菜卡、明档品种牌等。

④ 准备酒水台，酒水、酒具摆放合理。

⑤ 小件酱料、餐巾纸等物品齐备，检查到位。

⑥ 及时出菜，其中热菜要放在炉中保温，从而使菜品始终保持其温度。

（2）开餐中的服务工作。开餐中的服务工作包括：

① 当客人进入餐厅，服务员要礼貌 、热情、面带微笑地迎接客人，并且向客人递送餐盘、介绍菜品口味。

② 当客人取菜后，服务员要及时整理自助餐台，撤下空菜盘，及时添加菜品，使自助餐台的菜品始终保持丰盛、整洁、美观。

③ 当客人离座取菜时，将客人餐位整理好。巡视过程中及时添加餐巾纸、牙签等物。

④ 当客人用完餐离开时，要主动拉开座椅，面带微笑送走客人，并表示感谢。

⑤ 收台要及时，确认客人已走方可收撤餐具。

（3）结束工作。开餐后的结束工作包括：

① 撤掉自助餐台菜品，自助餐台清理干净。

② 将所有消毒后的餐具进行检查。

③ 做好地面及其他区域的卫生，桌椅摆放整齐。

做一做

以小组为单位，每个同学逐一模拟自助餐厅的服务程序，其他同学对其服务规范给予点评。

（三）酒吧服务

酒吧是经营各类酒水和饮料的场所。酒水服务是餐饮中最重要的内容之一。美酒佳肴不仅能够使菜品增色，还有助于游客之间沟通感情、活跃气氛、创造美好的就餐氛围。

除邮轮餐厅外，邮轮酒吧备有各式酒水、饮料和点心供应，也是亲友小酌聊天的好去处，。

1. 酒吧类型

邮轮上的酒吧类型多样，诸如主酒吧、鸡尾酒廊、主题酒吧等。

（1）主酒吧。主酒吧大多装饰美观、典雅、别致，具有浓厚的欧洲或美洲风格。视听设备比较完善，并备有足够的靠柜吧凳，酒水、载杯及调酒器具等种类齐全，摆设得体，特点突出。许多主酒吧的另一特色是具有各自风格的乐队表演或向客人提供飞镖游戏。来此消费的客人大多是来享受音乐、美酒以及无拘无束的人际交流所带来的乐趣，因此，对调酒师的业务技术和文化素质要求较高。在这类酒吧中，客人一般直接坐在吧台上，面对调酒师，当面欣赏调酒师的全套调酒表演。

（2）鸡尾酒廊。鸡尾酒廊规模相对较小，其装饰特点、设计风格与咖啡厅类似，以经营鸡尾酒和饮料为主，另外还提供一些中西式小点心。鸡尾酒廊的调酒师不仅要具有良好的社交能力、礼仪知识，还要了解各国风俗，方便为客人提供优质、准确、到位的服务。

（3）主题酒吧。此类酒吧的明显特点即突出主题，客人来此享受特色服务，酒水则放在次要的位置。比如，“海洋神话”号邮轮的思古诺酒吧（Schooner Bar），如图 4-7 所示，是以海洋为主题的音乐酒吧，晚上有钢琴弹奏，氛围浪漫优雅。

图 4-7 “海洋神话”号邮轮思古诺酒吧

2. 酒吧服务礼仪规范

（1）营业前工作程序。营业前工作准备俗称“开吧”，主要涉及酒吧内清洁、领货、酒水补充、酒水记录、酒吧摆设和调酒准备等工作内容。

① 酒吧内清洁。包括酒吧台与工作台清洁、冰箱清洁、地面清洁、酒瓶与灌装饮料表面清洁、酒杯与调酒工具清洁以及酒吧柜台外公共区域清洁等。

② 领货工作。领取酒吧每日所需的酒水、酒杯、瓷器、食品以及各类百货。

③ 补充酒水。将领取的酒水分类放置，如啤酒、果汁需要放入冷藏柜冷藏。补充酒水要遵循先进先出的原则。

④ 酒水记录。记录酒吧每日存货、领用酒水、售出数量以及结存等具体数字。

⑤ 酒吧摆设。酒吧的气氛和吸引力往往集中在瓶装酒和酒杯的摆设上，因此要注重摆设的美观大方。贵重酒水和便宜酒水分开摆放，不常用的酒水摆放在酒架高处等。

⑥ 调酒准备。进行冰块、配料、水果装饰物、量杯、调酒棒以及鸡尾酒签的准备。

（2）营业时工作程序。营业时工作程序包括酒水供应、调酒操作、侍客服务等。

① 酒水供应。酒水供应的基本程序是客人点酒、调酒员开单、收款员立账、调酒员调配酒水、供应酒水。客人点酒时，服务员要认真细致告知其酒水品种、产地以及鸡尾酒配方等，并询问客人所需酒水品种、数量以及特别要求等。

② 调酒操作。调酒师要有丰富的酒水知识和熟练的调酒技术，选取正确的配方、正确的杯具、优质的材料和漂亮的装饰，根据顾客的喜好调制鸡尾酒。

③ 侍客服务。通过留心观察并及时服务，保持客人台面干净整洁，比如收集客人使用过的空杯并立即送洗消毒，然后取回酒吧备用。

④ 结账程序。服务员仔细核查账单，核对酒水品种、数量有无错漏。客人认可账单后，帮助客人使用信用卡或现金结账。

（3）营业后工作程序。营业后工作程序包括清洁酒吧、清点酒水、每日工作报告等。

① 清洁酒吧。一定要在客人全部离开后才能开始清洁酒吧，包括收拾酒水、清洗酒杯、擦拭工作台、清理垃圾等。

② 清点酒水。记录当天销售酒水及酒吧现存酒水数量，贵重瓶装酒尤其要十分精确。

③ 每日工作报告。记录当天营业额、客人人数、平均消费、特别事件等，掌握酒吧营业详细状况和服务情况。

做一做

以小组为单位，每个同学依据在酒吧服务的营业前、营业时、营业后的岗位要求，逐一模拟在酒吧服务的操作程序，其他同学对其服务规范给予点评。

三、邮轮餐饮服务管理内容

现代邮轮上的餐饮供应水平是名副其实的优秀榜样，更高规格的服务接待和更为复杂的经营环境给现代邮轮餐饮服务管理提出了更高的要求。

（一）餐饮菜单设计

要满足游客对于餐饮服务的各种需求，必须首先了解邮轮目标市场客人的消费特点和饮食习惯，以及餐饮时尚、口味变化等餐饮市场发展趋势。在此基础上，邮轮公司必须为游客提供多种就餐选择，专注于美食以保持竞争力，并制定满足广大顾客需求的菜单。

餐单是各类餐厅向游客推出的联结市场供给和游客需求的菜点目录。菜单的设计制作应统一遵循以下原则：

1. 体现经营风味，树立餐厅形象

邮轮主餐厅菜单设计应高雅庄重，咖啡厅菜单设计体现轻松自由，特色餐厅菜单要有独特的风格。

2. 花色品种适当，刺激消费需求

品种分类排列，高中低档菜肴合理搭配。

3. 创造竞争优势，保证利润目标

充分做好市场调查，考虑游客的接受程度，突出餐厅重点风味产品和重点推销产品。

4. 市场供求结合，符合邮轮实际

充分考虑厨师技术力量、食品原材料的保证程度、库房储存条件、生产技术设备等，设计菜单要供求结合。

5. 菜单设计制作美观精良

（二）餐饮成本控制

邮轮离开母港后在海上航行的时间比较长，因此通常要停靠某些港口购买本土货物，然后储藏起来，这必然会造成餐饮成本的增加。餐饮成本控制是降低邮轮餐饮成本、增加邮轮餐饮盈利的必要措施，也是餐饮服务管理的重要内容。成本控制涉及一系列业务环节，比如确定合理的食品销售价格、控制原料采购价格、加强库存管理、减少厨房不必要的浪费等，从而降低成本，使邮轮增加盈利。

（三）创造经营特色

各大邮轮品牌的餐饮供应通常有各自的经营特色，既要继承传统，又要开拓创新，从而获得更强的市场竞争力。游客的需求不断激发着厨师的想象力和创造力，推动着优质美食的创新，而这些优质美食并不一定是昂贵的代名词。

（四）服务质量提升

邮轮餐饮的服务水平客观地反映了邮轮的服务水平，邮轮餐饮服务质量直接影响邮轮的声誉和竞争力，邮轮食物的质量是邮轮经营成功的关键，这些都是毋庸置疑的。邮轮餐饮部门通过制度、规程和质量标准的建立，严格检查制定，使仓库保管、厨房生产、餐厅服务等每个环节都做到符合要求，全面提高餐饮质量。

想一想

作为邮轮旅游产品的重要组成部分，邮轮餐饮的未来发展趋势是什么？

子模块三　邮轮休闲娱乐服务

学习与训练子目标

- 熟悉邮轮休闲娱乐活动的种类
- 熟悉邮轮剧院、赌场、青少年活动等休闲娱乐活动内容
- 了解邮轮特许经营娱乐活动项目

休闲娱乐是具有现代意识的旅游新概念，也是邮轮旅游中必须加以强调和重视的旅

游观念。邮轮游客与酒店客人不一样，只能待在邮轮上，要解决漫长的时间问题，必须安排各种休闲娱乐活动，让不同生活规律的人都能找到自己感兴趣的娱乐活动。

一、邮轮休闲娱乐活动基础

（一）邮轮休闲娱乐活动的种类

邮轮上的休闲和娱乐项目多种多样，任何不同年龄层次的游客都能够找到适合自己的活动，比如：在剧院观赏演出，在赌场消遣娱乐，在泳池甲板游泳，在美容院按摩，在运动甲板练习瑜伽，在健身房运动，在网络中心冲浪，在海上高尔夫球场打球，在精品商店购物，在邮轮小型展览馆参观游览等。

概括来讲，邮轮休闲娱乐活动大致分为以下几种类型：

1. 运动健身类

运动健身是邮轮上从来都不缺乏的休闲娱乐活动项目，游泳池、篮球场、高尔夫球场、健身房、攀岩墙等为游客提供了很多的健身场所。

2. 游乐活动类

为了给游客带来更多的欢乐，现代邮轮引入了很多游乐项目，皇家加勒比邮轮上的旋转木马、嘉年华邮轮上的水滑道，带给游客很多欢快体验。迪士尼邮轮更是在船上引入了很多迪士尼乐园主题公园游乐项目，比如水上过山车。

3. 文化演出类

名人演讲、电影首映、歌舞剧表演在邮轮上屡见不鲜。

4. 博彩娱乐类

由于博彩的特殊性，使得博彩娱乐活动成为邮轮上的特色项目。

5. 艺术鉴赏类

艺术鉴赏类活动包括艺术品拍卖、画廊鉴赏名画等。

6. 休闲购物类

邮轮以及停靠港的免税商店给游客带来很多购物便利与乐趣。

7. 岸上观光类

岸上观光是休闲旅游的一部分，也是邮轮众多著名城市的机会。

8. 美容美体类

比如邮轮上各具特色的SPA、美容、美发服务项目等。

做一做

选择你比较熟悉的一艘邮轮并查阅相关资料，讨论该邮轮提供了哪些休闲娱乐活动项目？这些休闲娱乐项目有什么样的特色？

（二）邮轮娱乐活动安排

绝大多数邮轮通过印刷内部资料来告知游客邮轮娱乐活动安排。游客登上邮轮以后，会收到邮轮每天的“活动日志”，比如丽星邮轮上的《丽星导航》、歌诗达邮轮上的《Today》等。“活动日志”上详细列明了游客在邮轮上全天的活动安排，比如各大餐厅开餐时间、剧院演出时间、邮轮出发靠岸时间等，同时还提供了各种岸上旅游线路信息，以及游客所需要的一切联系号码等。

邮轮娱乐活动项目通常采取无现金支付系统，游客使用邮轮卡（Cruise Card）支付一切消费，比如礼品商店消费、SPA和美容服务、岸上观光服务等。在巡游结束时，游客将收到列明所有船上消费的账单并进行支付。

二、邮轮休闲娱乐活动指南

（一）剧院（Theater）

邮轮上的剧院是进行重要演出活动的场所，如大型音乐演出、喜剧表演、歌舞表演或者魔术表演。剧院也是最大的游客集中区域，既可以用于应急演习，又可以作为岸上旅游的集合地点。通常每个晚上有2～3场表演。表演活动是按照时间滚动进行的，这样的设计确保节目看起来新鲜、有趣和新颖。

当前，邮轮上的剧院可以给游客带来更加梦幻的体验。“迪士尼魔力”号（Disney Magic）邮轮上的“怀特迪士尼剧院”（Walt Disney Theatre）拥有977个座位、40英尺宽的舞台、可移动背景、舞台升降机、最新式的灯光以及音响系统，供游客观赏原版百老汇风格的迪士尼现场表演、迷人的迪士尼音乐剧以及最新的数字3D电影。

经典邮轮赏析

船名：“迪士尼魔力”号（见图4-8）

船东：美国迪士尼邮轮公司

吨位：83 000吨

载客量：2 700人

员工：950人

首航时间：1998年

图4-8 “迪士尼魔力”号邮轮

“迪士尼魔力”号（Disney Magic）邮轮是美国迪士尼公司进军邮轮产业的第一艘邮轮。踏入明亮而华丽的大堂，就有由迪士尼幻想工程师设计的米奇舵手的青铜雕像在迎接游客。从游客登船的那一刻起，无处不在的迪士尼经典卡通人物已经开始为游客创造欢乐。邮轮上所有的娱乐设施都旨在为游客带来难忘的海上体验。

在“怀特迪士尼剧院”演出的剧目中，既有经典的“灰姑娘的故事”（The Cinderella Story），又有和陆地影院同步的最新的迪士尼电影首映。服务人员会在演出开始前 30 分钟等候在剧院入口，协助游客找到各自的座位，对于残疾游客会有特定的轮椅观看区。如果游客想要找到前排的座位，则至少需要在演出开始前 10 分钟联系入口处的工作人员寻求帮助。在“迪士尼魔力”号主泳池的旁边是泳池剧场（The Poolside Theater），巨大的 LED 显示屏可以用于播放新闻、体育赛事、音乐会以及首映电影。2004 年，美国公主邮轮的“加勒比公主”号邮轮（Caribbean Princess）首次引入了泳池剧场，其后在其他邮轮推广。公主邮轮给这种泳池剧场命名为“星空下的电影”（Movies under the Stars），如果天气允许的话，游客可以躺在甲板上的椅子上一边吃爆米花一边观看夜间电影。

（二）赌场（Casino）

赌博一向被认为是赢家的一种消遣。除了停靠码头，现代邮轮绝大部分的时间都是在公海上航行，各国的法律规则对其没有绝对的约束力，因此，绝大多数的邮轮上都设有赌场。邮轮上的赌场是一个充满激情与刺激的场所，和拉斯维加斯的赌场具有相似的浮华与美丽，但性质却大有不同。现代邮轮往来于世界各大邮轮航线，主要是以游客观光游览和休闲度假为主，赌场的开设除了能获得盈利，还稍带见识博彩文化的意味。邮轮赌场大多是在公海航行时开放，个别国家的港口也允许进行赌博交易，甚至在邮轮停靠时也可以。赌场必须严格依法经营，也受到最为严格的监控。绝大多数邮轮赌场面向 21 岁以上的游客开放，部分邮轮将游客年龄放宽至 18 岁。

邮轮上赌场常见的玩法有扑克牌 21 点（Blackjack）、轮盘赌（Roulette）、加勒比海扑克（Caribbean Stud Poker）、三张牌扑克（Three Card Poker）、掷骰子（Craps）、老虎机（Slot Machines）等，如图 4-9 所示。游客使用签单账户购买老虎机代金券或赌博筹码（Chips），每日购买额度有一定的上限。赌场内不允许吸烟，禁止使用照相机或摄像机，邮轮公司会告知游客相关的赌场礼仪规范。

图 4-9 邮轮上的赌场

国际邮轮理事会是一个非盈利性的行业协会，主要致力于帮助邮轮行业为游客提供一个安全、可靠、趣味性、娱乐性的邮轮环境。由于绝大多数成员公司邮轮上均开设有以娱乐为主的赌博项目，国际邮轮理事会制定了关于邮轮赌博的指导意见（ICCL Gambling Guidelines），内容涉及赌博设备、赌博经营、内部控制以及顾客服务等多个方面。

第一，赌场指导纲领（Goals）。提供合理的规则，用以指导所有经营赌博项目的邮轮，确保赌博的公平性和专业性；提供游客信任的内部控制，以诚信经营赌场；提供满足游客需要的娱乐形式。

第二，赌场设施设备（Facilities and Equipment）。邮轮上赌博设备的购买与安装需要符合当地博彩管理局或其他管辖区的监管标准。

第三，赌场游戏规则（Rules of Play）。邮轮上应向游客提供赌博指南，详细介绍赌场的游戏规则，这些游戏规则应该依据相应的监管标准制定；赌博游戏最大赌注和最小赌注都要清楚明白地标注在每项赌博游戏上。

第四，赌场内部控制（Internal Controls）。邮轮内部审计部门对赌博经营进行定期检查，一般不超过 12 个月。所有的赌博项目都有详细的内部控制标准，比如现金和筹码的数量、赌博游戏规程等。邮轮采取一些监督表格来确保游戏各方的公平性。此外，赌博项目操作和财务核算要尽可能地分清，收银员和发牌员要遵守各自的岗位职责。

第五，赌场对客服务（Customer Service）。邮轮上的赌博业务由酒店经理（Hotel Manager）全权负责，以确保赌场工作人员高标准地工作。如果发生争议，而游客又认为赌场经理（Casino Manage）不能妥善解决，则应该直接将争议提交酒店经理来处理，酒店经理应尽一切努力解决问题。如果争议不能在船上解决，可将相关争议材料移交至邮轮公司岸上办公室，最终给游客合理的答复。邮轮公司也会使用顾客意见卡来提高赌博经营水平。

想一想 邮轮上的赌场和陆地上的赌场在性质上有何不同？

（三）摄影（Photograph）

邮轮上的摄影师为游客提供摄影服务。从游客登上邮轮开始直至游客下船，摄影师们会出现在游客登船的舷梯、船长欢迎晚宴、泳池甲板区域等，为游客拍摄专业的、具有纪念意义的照片，为游客留下美好的回忆。

很多邮轮公司会通过数码技术合成一些照片，或者将其制成一些小型的纪念品，通过出售给游客来获取收益。冲洗出来的照片会在邮轮上的展示区展出，让游客看到这些照片并且购买，是邮轮摄影师的主要工作任务。

（四）青少年及儿童活动（Youth & Teen Program）

乘坐邮轮旅游的游客中有很多喜欢带着小孩，邮轮行程也非常适合全家人一起欢乐出游，除了有适合大人的娱乐活动外，对于青少年和儿童的节目安排也很精彩。针对不同年龄段的孩子，邮轮上提供不同的活动项目。青少年可以欣赏音乐、电影和视频游戏，3～12 岁左右的儿童有专属的特色俱乐部，3 岁以下的孩子也会有专人进行照料。所有活动均在受过专门训练的辅导员或保育员的监督和指导下进行，以确保孩子们安全、愉快。

（五）特许经营服务（Concessionaires）

特许经营作为一种商业经营模式，受到了邮轮公司和很多经营者的喜爱。一些邮轮品牌签约一些特许服务，允许一些知名的美容、发艺设计等品牌在邮轮上经营业务，并向邮轮公司支付一定的费用。这些经营者们拥有独立的财务核算，也可以雇佣自己的员工。邮轮公司既可以获得收益，又可以满足游客多种多样的需要。常见的一些特许经营服务项目包括：SPA、面部护理、发型设计、美甲、营养讲座等。

想一想

现代邮轮上的一些休闲娱乐活动项目为什么要采取特许经营的模式？

思考与训练

一、单项选择

1. 现代邮轮客舱服务员每天至少清扫客舱次数为________。

A. 2 次　　B. 3 次　　C. 4 次　　D. 5 次

2. 关于邮轮客舱服务，以下说法错误的是________。

A. 邮轮客舱提供 24 小时送餐服务

B. 邮轮客舱提供免费卫星电话服务

C. 邮轮客舱提供衣服水洗、干洗以及烫洗服务

D. 数码客舱服务是现代邮轮客舱服务发展的新趋势

3. 关于邮轮餐饮活动，以下说法错误的是________。

A. 现代邮轮为游客提供正餐、自助餐等多样化的就餐选择

B. 现代邮轮的主餐厅一般以提供西餐正餐为主

C. 现代邮轮的主餐厅全部采取编桌入席制，游客固定餐位就餐

D. 邮轮等级高低在一定程度上表现在食物上

4. 关于邮轮休闲娱乐活动，以下说法错误的是________。

A.“加勒比公主”号邮轮首次引入泳池剧场

B. 绝大多数邮轮赌场面向 21 周岁以上的游客开放

C. 邮轮上的面部护理、SPA 等多采取特许经营的方式

D. 丽星邮轮的《Today》日报详细介绍了邮轮每日活动安排

二、问题简答

1. 请列出现代邮轮客舱服务与陆地上星级酒店客房服务的不同之处？

邮轮客舱：____

____

____

酒店客房：____

____

____

2. 现代邮轮上有哪些就餐选择？

3. 现代邮轮上有哪些休闲娱乐活动种类？请举例说明。

三、技能训练

1. 分组模拟实训邮轮客舱入住 V.I.P. 贵宾的接待程序与服务规范。逐人模拟，其他同学给予点评。

2. 分组模拟实训邮轮自助餐的服务规范。逐人模拟，其他同学给予点评。

拓展阅读

嘉年华邮轮的客舱服务怎么样？

嘉年华邮轮的客舱服务怎么样？嘉年华邮轮令人惊叹，更不用说邮轮提供的客舱服务了。你可以在白天或者晚上的任何时候呼叫客舱服务，并且很快获得帮助，包括美味的食物。

游客在度假的时候，总是梦想获得无微不至的照顾。嘉年华邮轮的客舱服务很好地实现了这一点，让游客高兴而且满意。游客可以拨打客舱服务电话订餐，半个小时以内食物或饮料就会放在你的客舱门口。

客舱服务还包括清理房间、更换毛巾、整理床铺以及更多的日常工作。客舱服务员为游客制作的毛巾宠物，游客每天晚上都可以在床铺上看到，非常有趣。客舱的开夜床服务让游客倍感舒适温馨。

服务员每天至少会整理三次客舱，以确保房间的干净整洁。一次是游客起床后；一次是在中午；还有一次是在游客就寝之前。这中间可能还会有临时的整理。服务员会给游客留下信息，告诉你第二天船上会有什么样的活动安排，或者邮轮会不会在第二天停靠？停靠在哪里？游客离船后可以参与哪些活动？客舱服务员还会告诉你购物的商店、可以获得的最便宜的价格以及他们投票认为你可以去的最好的游览地。

客舱服务还会为游客提供在早晨或者任何时候的叫醒服务。当游客在邮轮上的商店购买了商品，还会获得将商品直接送至客舱的服务。

邮轮美食——邮轮早餐、中餐和晚餐菜单

邮轮上的美食

搭乘邮轮旅行最不用担心的事情是会挨饿，相反你应该担心你的腰围。丝毫不用怀疑，你可以在船上发现世界顶级的厨师，所有的邮轮都会用最好的原材料烹饪最优质的美食。

休闲餐。绝大多数邮轮都有自助餐，你可以在任何时候任何地方享用。如果游客感觉到饿并且希望饱餐一顿，那么自助餐很适合你。

正餐。绝大多数邮轮都有可供选择的高档餐厅，为游客提供色香味俱佳的美食。但是如果你是大胃王，那么部分正餐也许不能完全满足您的胃口。

儿童餐。绝大多数邮轮都有儿童菜单，提供小孩子比较偏爱的意大利面条和肉丸、热狗、汉堡包、薯条和比萨饼。

24 小时餐饮服务。绝大多数邮轮上，游客可以获得 24 小时供餐，比如比萨饼。

邮轮早餐

这是游客在邮轮上的一天之中可以期待的第一餐，这里有一艘邮轮上的早餐菜单示例。

水果：香蕉香瓜（应季），橙瓣，葡萄柚瓣，烤苹果，炖梅干

冷冻果汁：橙汁，葡萄柚汁，菠萝汁，苹果汁，番茄汁，李子汁

谷类食品：玉米磨砂片，全麦葡萄干麦片，可可脆饼，格兰诺拉燕麦卷，小麦迷你爆米花，水果圈，热麦乳

酸奶：原味，草莓味，桃子味

早餐主菜：烟熏鲑鱼，火腿蛋松饼，煎蛋卷，酪乳薄烤饼，华夫饼，法式土司

副食：牛肉马铃薯饼，切片火腿，土豆煎饼，香肠

面包：丹麦面包，牛角面包，原味松饼，葡萄干式松饼，百吉饼，白面包，全麦面包，黑麦面包

饮料：热花茶，牛奶，脱脂牛奶，巧克力牛奶，咖啡，热可可

邮轮午餐

如果还没品尝够邮轮早餐，这里还有邮轮上提供的两份午餐菜单。

<u>午餐菜单 1</u>

开胃菜和沙拉：加州寿司卷，西班牙番茄冻汤

主菜：蒙古牛排沙拉，鲜烤法式番茄长棍面包，意大利细面，平底锅煎里脊，墨西哥蔬菜法士达

甜点：草莓香蕉慕斯，巧克力奶油蛋糕，卡梅尔奶酪，各种口味的冰淇淋——香草、巧克力、草莓，各种口味的果子露——橙子，菠萝

<u>午餐菜单 2</u>

开胃菜和沙拉：时令水果拼盘，牙买加红豆汤、冰冻咖喱苹果汤

主菜：鸡肉凯撒沙拉，菠菜和乳清干酪，奶酪饺子，炸鱼派和土豆条，烧烤嫩肋排

甜点：柠檬慕斯，德国巧克力蛋糕，尚蒂伊面包布丁，各种口味的冰淇淋——香草、巧克力、草莓，各种口味的果子酱——橙子、菠萝

邮轮晚餐

邮轮晚餐享有盛名，每个人都对其精心的准备和精致的呈现有很大的期待。

<u>菜单</u>

- 山胡桃木烟熏阿拉斯加鲑鱼
- 芦笋奶油汤，凯撒沙拉和热带水果
- 纯玉米饲养的烤鸡胸
- 带有香肠、什锦青椒、新鲜蘑菇的意大利面
- 加胡椒酱的纽约沙朗牛排
- 温热的熔岩巧克力蛋糕或卡布奇诺馅饼

专业英语词汇

butler service	贴身管理服务
cabin cleaning	客舱清扫
casino	赌场
casual dining	休闲餐
children's food	儿童餐
cruise card	邮轮卡
digital cabin	数码客舱
first seating	第一梯次用餐
gold anchor service	金锚服务
laundry service	洗衣服务
main dining	正餐
midnight buffet	午夜自助餐
open seating	自由坐席制
rental service	租赁服务
room service	客房送餐
second seating	第二梯次用餐
shoe shine service	皮鞋保养服务
towel pet	毛巾宠物
turn-down service	开夜床服务
youth & teen program	青少年活动

模块五

现代邮轮公司经营

学习与训练总目标

◆ 掌握邮轮公司经营运作的基本情况
◆ 熟悉邮轮公司与邮轮旅游代理商的关系
◆ 熟悉世界三大邮轮公司旗下品牌及经营特点
◆ 了解世界其他邮轮品牌及经营特点

课前阅读

歌诗达邮轮公司表彰中国合作伙伴

2011 年初，欧洲排名第一的邮轮公司、意大利最大的旅游集团——歌诗达邮轮公司在意大利举办一年一度的国际颁奖典礼“The Champions of the Sea”，嘉奖全球优秀合作伙伴，展望未来协作发展契机。颁奖典礼上，歌诗达邮轮公司高度表彰了中国区合作伙伴，并承诺继续大力培育中国市场——2012 年在中国市场新增“歌诗达维多利亚”号邮轮（Costa Victoria），并开辟多条全新的日韩航线，新增 6 个岸上游目的地，从而让更多中国游客领略纯正、经典、充满意大利风情的邮轮假期。

盛大的颁奖仪式上，上海春秋国旅凭借 2010 年全年出色的产品销售表现力压群雄，获得“2010 年度歌诗达邮轮全球销售特别贡献奖”。上海巴士国际旅游有限公司、北京华远国旅以及深圳鹏程康辉旅行社，从众多中国旅行社中脱颖而出，分别荣获 2010 年度歌诗达邮轮中国区华东、华北及华南销售金奖。上海携程翠明国际旅行社有限公司荣膺“2010 年度歌诗达邮轮中国旅行网销售金奖”。

鉴于中国邮轮市场的蓬勃发展以及游客对邮轮出行高涨的热情，歌诗达邮轮公司表示将继续加强在中国的战略部署，开辟新的岸上游目的地，给游客带来更精彩、更多元化的邮轮假期选择。

资料来源：http://travel.sina.com.cn/world/2011-02-25/1511152763.shtml

阅读思考

歌诗达邮轮公司为什么表彰中国合作伙伴？旅行社和旅游网站在邮轮公司的经营

中扮演了什么样的角色？

子模块一　邮轮运营商与代理商

学习与训练子目标

- ◆ 掌握邮轮公司的经营业务与市场战略
- ◆ 理解邮轮运营商与旅游代理商的概念
- ◆ 理解旅行社在邮轮公司经营中的重要作用

伴随着邮轮产业的快速发展，全世界的邮轮公司目前已近百家。邮轮公司构成了邮轮业的主体，邮轮公司良好的经营运作对于促进邮轮旅游业发展具有十分重要的意义。一个地区邮轮公司的布局情况、效益高低更是直接反映并影响着当地邮轮旅游业的发展水平。

一、邮轮公司的定义与发展

（一）邮轮公司的定义

邮轮公司是依托邮轮及海上旅游资源，为旅游者提供愉悦的邮轮旅行经历，从事相关经营活动的营利性的、相对独立的经济实体。

邮轮公司以邮轮作为载体和平台，以邮轮母港作为基地，以航线和停靠港作为运营支撑，以组合式邮轮旅游产品的销售和高质量的邮轮服务作为收益的主要来源。邮轮公司主导着邮轮旅游市场，拥有或出租豪华邮轮，设计邮轮旅游航线，开发邮轮旅游产品，目的是瞄准特定的邮轮旅游细分市场，从而获取高额的经营利润。

（二）邮轮公司的发展

现代意义上的邮轮公司诞生于20世纪60年代，经过几十年的发展，邮轮公司遍布世界各地。其中，美国嘉年华邮轮集团、美国皇家加勒比邮轮公司以及云顶香港有限公司是全球最大的三大邮轮集团。

在激烈的市场竞争中，邮轮公司拥有的邮轮数量和载客能力差异很大。大型邮轮集团经营多个邮轮品牌，拥有数十艘豪华邮轮，而一些小型邮轮公司只有一艘邮轮投入运营。截至2011年底，全球范围内豪华邮轮总数约有285艘，三大邮轮集团运营邮轮数量占其50%以上。三大邮轮公司的邮轮及载客量如表5-1所示。

不同规模的邮轮公司经营模式也有所不同。小型、低成本的邮轮公司到访大众化的目的地，鼓励随意的船上生活方式，吸引更为年轻的游客。相较于小型邮轮公司而言，中等规模的邮轮公司游客类型趋向多样化，提供更多的活动与选择。大型邮轮公司拥有庞大的邮轮船队，线路设计更为特别，船上与岸上活动也更为丰富，可以满足多层次游客的需要。

表 5-1 三大邮轮公司邮轮及载客量

邮轮公司	嘉年华邮轮 Carnival Corporation & PLC	皇家加勒比邮轮 Royal Caribbean Cruises Ltd.	云顶香港（丽星邮轮） Genting Hong Kong Ltd.
总部所在地	美国，迈阿密	美国，迈阿密	中国，香港
创立时间	1972 年	1968 年	1993 年
邮轮数量	99 艘	40 艘	18 艘
载客数量	195 872 人	95 000 人	35 000 人

备注：以上数据截至 2011 年 12 月 31 日。

尽管邮轮产业存在着高度集中、高度垄断的特点，一些小型规模的邮轮公司仍有机会将自己的业务集中在既定的目标市场上，采取产品和服务差异化战略，获得一定数量的市场份额。然而从总体上看，大型邮轮公司的经营规模对于降低经营成本有着直接的推动作用，引导着邮轮旅游市场未来的发展趋势。

想一想

如何看待三大邮轮集团公司的规模化经营？

小型规模的邮轮公司采取怎样的差异化战略获得一定的国际市场份额？

二、邮轮公司的业务与市场战略

（一）邮轮公司经营业务

邮轮公司经营业务的核心部分是向游客提供愉悦的邮轮旅游经历。围绕这一核心目标，各大邮轮公司将内部资源和外部环境紧密结合，努力拓展最具潜力的业务发展领域。一般而言，邮轮公司业务包括岸上业务和海上业务两大类。

1. 邮轮公司岸上业务

尽管邮轮公司规模大小不同，但各大邮轮公司岸上业务内容基本一致，主要涉及产品开发设计、市场拓展与销售、巡航运营保障、公共关系维系以及财务管理控制等方面。

（1）邮轮产品开发设计。邮轮产品的开发设计是邮轮公司经营过程中非常重要的环节，必须充分考虑游客需求、竞争状况以及自身优势，进行邮轮产品的调研、开发与市场发展策划。同时根据市场状况进行船舶运行调度，制定年度邮轮线路计划并下达。

（2）市场拓展与销售。在公司市场战略的指引下，借助宣传媒体、网络推广等方式，提升邮轮旅游产品在市场的认知度和影响力，从而获得更大的市场份额。拓展邮轮旅游产品销售渠道，进行邮轮旅游产品的实际销售与对客服务。

（3）巡航运营保障。巡航运营保障主要是为保证船舶安全、正常运行而进行的一系列工作，主要包括船舶设备维修保养、船员考核培训管理、船舶燃料物料采购供应、邮轮游客物资供应核算、安全与环保制度的制定与执行等。

（4）公共关系维系。公共关系作为邮轮公司长期发展战略组合的一部分，承担着改善邮轮公司与顾客、供应商、分销商、政府、媒体等社会公众的关系的任务，达到树立公司或邮轮品牌良好形象、促进邮轮旅游产品销售的目的。

（5）财务管理控制。财务管理控制是组织公司财务活动、处理各方财务关系、进行财务风险控制并最终实现邮轮公司利润最大化的一系列工作。

做一做

以小组为单位，分别模拟邮轮公司岸上业务运营的几大部门，并各自介绍该部门在邮轮运营管理中的重要作用是什么？

2. 邮轮公司海上业务

邮轮公司海上业务包括邮轮海上航行业务以及邮轮乘客服务业务两项内容。

（1）邮轮海上航行业务。邮轮海上航行业务主要是指为游客提供海上旅游安全航行保障的各项任务，由邮轮上的航海部门、轮机部门来承担，负责邮轮安全航行、港口联络、设备维护、燃料供应、防止油污等工作。

（2）邮轮乘客服务业务。邮轮乘客服务业务由邮轮上的酒店部门负责，主要包括前台、客房、餐厅、酒吧、娱乐、康体、商品服务等，通过直接的对客接待与产品销售为邮轮游客提供满意的邮轮旅行经历。

邮轮公司海上业务是邮轮公司经营的主要收益来源。岸上业务与海上业务相辅相成、互相促进，共同实现邮轮公司经营的总体目标。

想一想

邮轮公司岸上业务与海上业务如何相辅相成、互相促进？

（二）邮轮公司市场战略

在发育完善的邮轮旅游市场上，邮轮公司经营的最终目标是创造并保持顾客。在激烈的市场竞争中，邮轮公司必须审时度势，牢牢把握发展战略的方向，通过资源的合理配置以及差异化的营销手段，形成自身的核心竞争力。

1. 差异化目标市场战略

邮轮公司必须选择适合自己并能充分发挥自身资源优势的目标顾客群从事经营活动，从而确立在市场中的位置，这是邮轮公司市场经营中的战略决策问题。

目标市场战略由市场细分（Segmenting）、目标市场选择（Targeting）、市场定位（Positioning）三个环节组成（见图 5-1），也称为 STP 战略。

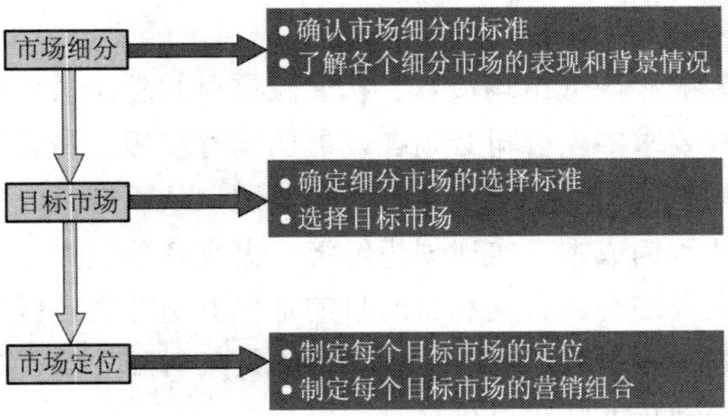

图 5-1 目标市场战略

资料卡

目标市场战略（STP 战略）

➢ 市场细分。按照顾客欲望与需求把一个总体市场划分成若干个具有共同特征的子市场的过程。

➢ 选择目标市场。对每个细分市场的吸引力程度和获利能力进行评估，并选择进入一个或多个细分市场。

➢ 市场定位。根据所选择的目标市场上同类产品状况以及消费者的不同需求，为企业或产品塑造强有力的、与众不同的鲜明个性，从而在消费者心中占据特殊位置。

做一做 选择某一邮轮品牌，分析它在经营活动如何实施自己的 STP 战略？

在当前邮轮旅游市场中，既有初次参加邮轮旅游的新游客，也有经验丰富的巡航者；既有家庭型的邮轮旅游者，也有探险型的邮轮旅游者。多样化的客源市场既让邮轮公司获得提升盈利能力的潜力，也促使邮轮公司战略性地管理旗下的邮轮品牌，通过实施差异化的目标市场战略，更好地满足邮轮游客多样化的需求。

美国嘉年华邮轮集团作为全球第一大邮轮公司，拥有众多的邮轮品牌，每一品牌均有各自的特色，服务于不同的目标市场，比如：嘉年华邮轮以“快乐邮轮”（Fun Ship）作为品牌诉求，冠达邮轮以英伦风格提供高水准的服务；世鹏邮轮则为高端游客提供豪华、优质的服务。

想一想 嘉年华邮轮集团旗下众多品牌为什么要服务于不同的目标市场顾客群？

2. 全球化品牌扩张战略

品牌是扩大市场影响、降低市场成本、构建顾客对邮轮忠诚度的有效手段。当前，全球经济一体化的进程要求邮轮公司必须在发展的同时积极参与竞争，通过实施全球品牌扩张战略，合理规划航线布局，实施品牌市场渗透，从而减少或规避对单一市场的依赖，从而在总体上降低营销成本，实现规模经济，提高竞争能力。

尽管邮轮旅游最主要的客源市场和旅游目的地仍然是北美地区和欧洲地区，然而邮轮的需求的季节性极强，为了减轻北半球冬季寒冷天气对邮轮旅游的影响，各大邮轮公司纷纷在南美洲和大洋洲拓展邮轮市场。

亚太地区的经济发展态势与未来潜力也逐渐吸引邮轮公司的目光，嘉年华邮轮公司旗下的歌诗达邮轮品牌、美国皇家加勒比邮轮品牌已经相继进入中国市场，成为目前中国邮轮市场的领跑者。

随着邮轮公司全球化品牌扩张进程的加快，为进一步了解当地顾客，以便对市场变化快速做出反应，邮轮公司还在世界各地成立办事处，从而在全球范围内更好地销售和推广各自邮轮品牌。

经典邮轮赏析

船名：“歌诗达维多利亚”号（见图 5-2）
船东：意大利歌诗达邮轮公司
客舱：964 间
载客量：2 394 人
吨位：75 200 吨
首航时间：1996 年

图 5-2　“歌诗达维多利亚”号邮轮

“歌诗达维多利亚”号邮轮（Costa Victoria）是喜爱设计、雅致、对称形状和柔和色调人士的理想邮轮，邮轮上传统的海运外观和简约设计、精美饰面、艺术杰作完美融为一体，拥有独特醒目的风格。

2012 年，“歌诗达维多利亚”号开辟以中国港口作为母港的邮轮航线，成为意大利歌诗达邮轮公司继“歌诗达爱兰歌娜”号、“歌诗达经典”号、“歌诗达浪漫”号之后，进入中国市场的第四艘豪华邮轮。

3. 多样化营销组合策略

邮轮公司经营效益主要来自于乘客船票收益以及船上其他娱乐消费收益。这些收益因邮轮规模、航程日数以及邮轮所在市场而有所不同。为了获取更多的收益，邮轮公司积极采取多样化的经营战略和营销手段，着力打造优质旗舰船队，设计开发富有吸引力的邮轮旅游线路，提供丰富多彩的船上及岸上活动，同时积极拓展船票销售渠道，以此实现收益的最大化。

邮轮公司通常采取的营销策略包括产品策略（Product）、价格策略（Price）、渠道策略（Place）以及促销策略（Promotion）四个方面，即“4P”营销组合策略。

（1）产品策略。包括对现役邮轮设施设备进行翻新改造、开发主题邮轮旅游产品、开辟优质邮轮旅游航线等。2011 年，丽星邮轮开展了亚洲船队优化计划，继翻新“双鱼星”号及“宝瓶星”号邮轮之后，再斥资 2 500 万美元翻新以新加坡作为邮轮母港的“处女星”号邮轮，同时推出独具特色的“处女星”号邮轮“海绵宝宝”主题航次，借以巩固在亚太地区邮轮市场的领导地位。

（2）价格策略。价格策略是在对市场竞争情况、消费者需求情况以及产品自身情况进行广泛分析的基础上，对邮轮旅游产品进行合理定价，从而实现最大利润的营销策略。“价格歧视”（Price Discrimination）是邮轮公司常用的价格策略，即同一航次的邮轮旅游产品针对新顾客和老顾客实行区别定价，或者根据提前预订时间早晚给予区别定价等。

（3）渠道策略。营销渠道是邮轮旅游产品从邮轮公司到达消费者手中的途径或通路。邮轮公司必须有效利用各种中间商和营销服务设施，以便更有效地将邮轮产品和服务提供给目标市场。各大邮轮公司均致力于打造优质旅行社销售渠道，同时利用传统媒体、呼叫中心、公司网站进行品牌宣传，为消费者提供更为便利的船票预订途径。

（4）促销策略。人员推销、广告宣传、营业推广、公共关系是邮轮公司常用的促销手段，也是最直接的促进消费者购买邮轮旅游产品的营销策略。此外，为了吸引游客购买邮轮旅游产品，同时奖励忠诚顾客，各大邮轮公司纷纷成立会员俱乐部。美国皇家加勒比国际邮轮公司通过设立“皇家邮轮俱乐部”实施顾客忠诚计划，目前在全球已发展超过 600 万的会员。

资料卡

美国皇家加勒比邮轮“皇家邮轮俱乐部”

“皇家邮轮俱乐部”是美国皇家加勒比国际邮轮公司进行的顾客忠诚活动计划。无论游客是否搭乘过皇家加勒比邮轮，均可免费注册成为皇家邮轮俱乐部会员。会员级别分别为“普通”、“黄金”、“白金”、“翡翠”、“钻石”、“银钻”、“金钻”七个等级，如图 5-3 所示。普通会员享有季度性抽奖、免费获得最新产品信息等权益，每参加皇家加勒比邮轮航行一晚可获赠 1 积分。会员根据积分多少不同，可获得不同级别会员所享的各项奖励优惠或福利，如金钻卡会员可获得出航前官网选择礼物、与高级船员共进晚餐、各项预订等候优先以及获赠7晚行程等优惠。

注：美国皇家加勒比国际邮轮中文官网为“皇家游轮俱乐部”。

普通	黄金	白金	翡翠	钻石	银钻	金钻
0	3	30	55	80	175	700

图 5-3　皇家邮轮俱乐部会员级别

做一做

以小组为单位，选择小组成员感兴趣的邮轮公司，分析其近期采取的促销策略，并在课堂上交流讨论。

三、邮轮公司分销渠道——旅游代理商

（一）邮轮旅游代理商的定义

邮轮旅游代理商是邮轮旅游产品重要的分销渠道，是邮轮旅游产品从邮轮公司到达顾客手中的途径。邮轮旅游代理商作为邮轮公司和顾客双方的桥梁，能够向邮轮公司和顾客提供市场与产品服务等双方感兴趣的信息，促进邮轮公司与顾客之间的沟通和了解。

当今的全球化趋势、竞争的加剧和现代信息技术的发展，再加上邮轮旅游产品具有的不可储存性，使得邮轮旅游产品的分销越来越重要。邮轮旅游产品是一种特殊的旅游产品，是一种旅游经历，消费者在购买邮轮旅游产品时，需要有专门的旅游代理商分析介绍经验。因此，邮轮公司必须选择合适的合作伙伴联合营销和分销邮轮旅游产品，邮轮旅游代理商此时便发挥了重要的作用。

（二）邮轮旅游代理商的选择

常见的邮轮旅游代理商包括旅行社（Travel Agency）、旅游批发商（Tour Operator）以及行业协会（Association）等。

1. 旅行社

目前，全球邮轮旅游中大约有90%以上的客舱是经过旅行社售出的。机票代理曾经是旅行社的重要利润来源，其后旅行社将其经营重点转移到代理邮轮旅游和观光旅游。这是因为邮轮旅游产品吸引力大，顾客满意度高，有助于形成游客的赞誉和回头客生意。另外，大多数邮轮公司高度重视发展与维护自己与旅行社之间的关系，这也是旅行社热衷于代理邮轮旅游产品的原因。

旅行社通过邮轮公司提供的专业途径了解邮轮旅游产品的内容，包括最新的宣传材

料、录像资料和光盘等，有的时候还会派代表访问邮轮公司，或在重点城市举办研讨会，或前往邮轮参观等。同时，邮轮公司也会为旅行社提供游玩的方便，允许旅行社工作人员以很低的价格亲自乘船旅游，使其获得关于邮轮旅游产品的亲身感受和第一手资料，以便更好地向顾客进行邮轮旅游产品的销售。

做一做

以意大利歌诗达邮轮公司为例，通过网络搜集其在中国地区的旅行社代理商，并认真分析这些旅行社的经营方式与经营特点分别是什么？

2. 旅游批发商

旅游批发商主要从事组织和批发包价旅游业务，即与酒店、交通运输部门、旅游景点及包价旅游所涉及的其他部门签订协议，预先购买这些服务项目，然后根据旅游者的不同需求和消费水平，设计出各具特色的包价旅游产品并在旅游市场上销售。

旅游批发商同样是邮轮公司重要的代理商。旅游批发商通过与邮轮公司直接接洽，安排和组织包括各种时间、线路和价格的包价邮轮旅游产品。旅游批发商需要具备一定的管理能力和宣传能力，必须能够预见邮轮旅游安排中的一系列细节及其可能的变化，并且根据市场需求制定相应的营销计划和策略等。

3. 行业协会

行业协会是邮轮业为了共同的利益而联合成立的组织。扩大市场影响力及产品销售常常是组成行业协会的初衷。行业协会使邮轮行业的营销覆盖区域越来越广泛，很多协会成员使用行业协会预订系统进行营销活动，从而获得更为广泛的客源。邮轮行业比较有影响力的行业协会是总部位于美国的国际邮轮协会。

当前，互联网的应用使得邮轮旅游产品的预订销售更为高效、便捷。邮轮公司和邮轮旅游代理商纷纷拓展网络销售渠道，邮轮产品网上预订额正逐年飞速增长。

此外，邮轮公司在选择了销售渠道之后，为了更好地实现经营目标，促进与旅游代理商之间的良好合作，还必须采取各种措施对旅行社等旅游代理商给予激励，注重对旅行社等旅游代理商进行扶持和培育，以此来调动旅游代理商经销邮轮旅游产品的积极性。针对旅游代理商所覆盖客源市场区域的不同，激励的方式也应有所不同。随着邮轮公司与代理商之间合作领域不断扩大、接触面不断扩大，邮轮公司对代理商的影响力也就随之扩大，最终与旅游代理商之间建立起长期的、良好的合作关系。

想一想

邮轮公司与旅行社之间应该怎样进行合作，才能最大化地实现邮轮旅游产品的销售目标？

子模块二　世界邮轮公司品牌

学习与训练子目标

- 掌握美国嘉年华邮轮、皇家加勒比邮轮、丽星邮轮旗下品牌及经营特色
- 熟悉美国嘉年华邮轮、皇家加勒比邮轮、丽星邮轮船队规模
- 了解其他邮轮公司品牌、船队规模及经营特点

当前，全球各大邮轮公司针对不同的客源市场提供各具特色的邮轮旅游产品与服务。在美国嘉年华、皇家加勒比、云顶香港三大邮轮集团牢固占据领导地位的同时，意大利银海邮轮公司、美国迪士尼邮轮公司等也成功塑造了各自的品牌形象。

一、美国嘉年华邮轮集团

美国嘉年华邮轮集团（Carnival Corporation & PLC）创建于 1972 年，创始人为泰德 · 阿里森（Ted Arison），总部设在美国佛罗里达州的迈阿密。1979 年，米基 · 阿里森（Micky Arison）接任嘉年华邮轮公司总裁，并逐步将其发展壮大。

美国嘉年华邮轮集团是全球最大的邮轮运营商，旗下拥有嘉年华邮轮（Carnival Cruise Lines）、公主邮轮（Princess Cruises）、冠达邮轮（Cunard Lines）、歌诗达邮轮（Costa Cruises）、荷美邮轮（Holland America Line）、世鹏邮轮（Seabourn Cruises）等多家邮轮子公司，如表 5-2 所示。这些子公司独立经营、公平竞争，打造了各具特色的邮轮品牌风格。

表 5-2　　美国嘉年华邮轮集团品牌及客源市场分布

邮轮品牌 Cruise Brands		邮轮数量 Number of Cruise Ships	载客量 Passenger Capacity	主要客源市场 Primary Markets
嘉年华邮轮 Carnival Cruise Lines	Carnival	23	58 274	北美地区
公主邮轮 Princess Cruises	PRINCESS CRUISES escape completely	16	36 900	北美地区
荷美邮轮 Holland America Line	Holland America Line A Signature of Excellence	15	23 492	北美地区
世鹏邮轮 Seabourn Cruises	SEABOURN	6	1 974	北美地区

续表

邮轮品牌 Cruise Brands		邮轮数量 Number of Cruise Ships	载客量 Passenger Capacity	主要客源市场 Primary Markets
冠达邮轮 Cunard Lines		3	6 670	英国、美国
歌诗达邮轮 Costa Cruises		14	29 286	意大利、法国、德国
阿依达邮轮 AIDA Cruises		8	14 248	德国
伊比罗邮轮 Ibero Cruceros		3	4 176	西班牙、南美
铁行邮轮（英） P & O Cruises （UK）		7	14 610	英国
铁行邮轮（澳） P & O Cruises （Australia）		4	6 242	澳大利亚

备注：以上数据截至 2011 年 12 月 31 日。

（一）嘉年华邮轮

美国嘉年华邮轮（Carnival Cruise Lines）以“快乐邮轮”（Fun Ship）作为区别于竞争对手的主要产品诉求，多年来致力于为世界各地的游客提供最好的邮轮产品与服务。嘉年华邮轮船队的优势在于多样化的休闲设施、新颖的装潢以及宽敞的客舱。邮轮上的节目表演与娱乐项目丰富多彩，使游客获得仿佛每天都置身于“嘉年华”盛会的美好体验。目前，嘉年华邮轮船队一共拥有 23 艘豪华邮轮，提供 3 天至 16 天的邮轮旅游航线，主要侧重于美洲加勒比海地区的经营。

资料卡

美国嘉年华邮轮公司船队

➢ 70 367 吨及以下邮轮

“嘉年华梦幻”号 Carnival Fantasy
“嘉年华创意”号 Carnival Imagination
“嘉年华神往”号 Carnival Ecstasy
“嘉年华佳名”号 Carnival Sensation
“嘉年华欢欣”号 Carnival Elation
“嘉年华神逸”号 Carnival Fascination

"嘉年华灵感"号 Carnival Inspiration　　"嘉年华乐园"号 Carnival Paradise

"嘉年华假日"号 Carnival Holiday

➢ 88 500 吨邮轮

"嘉年华自豪"号 Carnival Pride　　"嘉年华奇迹"号 Carnival Miracle

"嘉年华传奇"号 Carnival Legend　　"嘉年华精神"号 Carnival Spirit

➢ 101 353 吨邮轮

"嘉年华佳运"号 Carnival Destiny

➢ 101 509 吨邮轮

"嘉年华凯旋"号 Carnival Triumph　　"嘉年华胜利"号 Carnival Victory

➢ 110 000 吨邮轮

"嘉年华征服"号 Carnival Conquest　　"嘉年华英勇"号 Carnival Valor

"嘉年华自由"号 Carnival Freedom　　"嘉年华光荣"号 Carnival Glory

"嘉年华自主"号 Carnival Liberty　　"嘉年华光辉"号 Carnival Splendor

➢ 130 000 吨邮轮

"嘉年华梦想"号 Carnival Dream

做一做

通过互联网等途径搜集嘉年华邮轮资料，分析其"快乐邮轮"的品牌特色是如何体现的？

（二）公主邮轮

公主邮轮（Princess Cruises）是嘉年华邮轮集团旗下定位于北美市场的至尊邮轮品牌，最早创建于 1965 年，公司总部设在美国洛杉矶，曾经是世界上第三大邮轮公司。2004 年，公主邮轮公司被嘉年华邮轮集团收购。

20 世纪 70 年代，公主邮轮塑造了海上邮轮旅游的新概念。1977 年，美国长篇电视连续剧《爱之船》（The Love Boat）以公主邮轮的"太平洋公主"号（Pacific Princess）邮轮作为拍摄场地，吸引过上百万美国人收看，公主邮轮的名字及其标志从此深入人心。

20 世纪 90 年代，公主邮轮不断更新、改善邮轮设施设备，所提供的服务也趋向多元化，力求使游客在船上可以按照各自的喜好选择适合自己的活动。公主邮轮为游客准备了"乐享其程"的海上假期，各种精心烹制的特色美食和高水准的服务让游客有宾至如归的体验，丰富的玩乐方式也让海上生活充满新鲜与乐趣。邮轮船队除了具备大船的设施和气派，还保留了小船的温馨及亲切气氛，被誉为"大船的选择、小船的享受"。

公主邮轮的游客主要来自于美国和加拿大，他们乘坐公主邮轮可以享受到一周到三个月的邮轮假期。尽管公主邮轮的航线遍布世界各地，但其最新的旗舰船只一般是在美国西海岸运营，经典邮轮线路是美国阿拉斯加州航线以及墨西哥太平洋海岸航线。

资料卡

美国公主邮轮船队

“钻石公主”号 Diamond Princess	113 000 吨	载客 2 670 人
“加勒比公主”号 Caribbean Princess	113 000 吨	载客 2 670 人
“星辰公主”号 Star Princess	109 000 吨	载客 2 600 人
“黎明公主”号 Dawn Princess	77 000 吨	载客 1 950 人
“皇家公主”号 Royal Princess	69 845 吨	载客 1 910 人
“蓝宝石公主”号 Sapphire Princess	113 000 吨	载客 2 670 人
“红宝石公主”号 Ruby Princess	113 000 吨	载客 3 080 人
“珊瑚公主”号 Coral Princess	92 000 吨	载客 1 970 人
“碧海公主”号 Sea Princess	77 000 吨	载客 1 950 人
“翡翠公主”号 Emerald Princess	113 000 吨	载客 3 080 人
“至尊公主”号 Grand Princess	109 000 吨	载客 2 600 人
“海岛公主”号 Island Princess	88 000 吨	载客 1 974 人
“皇冠公主”号 Crown Princess	113 000 吨	载客 3 080 人
“黄金公主”号 Golden Princess	109 000 吨	载客 2 600 人
“太阳公主”号 Sun Princess	77 000 吨	载客 1 950 人
“太平洋公主”号 Pacific Princess	30 200 吨	载客 670 人

图 5-4　美国公主邮轮公司和邮轮

做一做

通过互联网等途径搜集公主邮轮公司资料，分析其“大船的选择、小船的享受”的品牌特色是如何体现的？

（三）荷美邮轮

荷美邮轮（Holland America Line）的前身是荷兰美洲蒸汽轮船公司，以经营荷兰至美洲的客运业务为主，这种情况一直持续到 20 世纪 70 年代。1973 年，荷美公司建造了第一艘专门用于运载乘客的客船，公司自此开辟邮轮旅游度假业务。1989 年，荷美邮轮公司被美国嘉年华邮轮集团收购。

荷美邮轮旗下共有15艘邮轮，包括“阿姆斯特丹姆”号（MS Amsterdam）、“威仕特丹”号（MS Westerdam）、“欧姆特丹”号（MS Osterdam）等，邮轮航线一般在10天以上，最长可达108天，致力于为游客提供真正的环游世界之旅。

（四）世鹏邮轮

世鹏邮轮（Seabourn Cruises）是定位于高端市场的邮轮公司，目前拥有“世鹏骄傲”号（Seabourn Pride）、“世鹏精神”号（Seabourn Spirit）、“世鹏神话”号（Seabourn Legend）等顶级豪华邮轮。世鹏邮轮为游客打造私密度假空间以及顶级尊贵享受，船上服务人员与游客的比例不仅高达“1:1”，而且还提供自由选择用餐时间等更多贴心服务。

做一做

通过互联网等途径搜集世鹏邮轮公司资料，分析其经营船只以及定位于高端市场的品牌特点？

（五）冠达邮轮

冠达邮轮（Cunard Lines）成立于1840年，1998年被美国嘉年华邮轮集团收购，是一家以英伦风格提供王宫贵族般的服务的邮轮公司。

作为第一家开通定期航线搭载乘客横跨大西洋的公司，冠达邮轮最早将健身房和医疗中心设置于客船之上。在过去的一个半世纪，冠达邮轮主导了横跨大西洋的客运业务，并且成为当时世界上最重要的企业之一。经过170多年岁月的建设与经营，冠达邮轮公司的船队先后大约有190余艘，在世界经济发展中发挥了重要作用。20世纪中后期，冠达邮轮公司的经营开始衰退，在并入嘉年华邮轮集团之后再次获得成功发展。

目前，冠达邮轮有“玛丽王后2”号（Queen Mary 2）、“维多利亚女王”号（Queen Victoria）以及“伊丽莎白女王”号（Queen Elizabeth）三艘邮轮投入运营。

经典邮轮赏析

船名：“伊丽莎白女王”号（见图5-5）

船东：冠达邮轮

吨位：90 900吨

载客量：2 068人

员工：1 005人

首航时间：2010年10月

“伊丽莎白女王”号邮轮（Queen Elizabeth）邮轮于2010年10月下水，是冠达邮轮公司为庆祝英国女王伊丽莎白二世即位60周年而打造。冠达邮轮有意让“伊丽莎白女王”号保持20世纪30年代的风格，在设计和装潢上承袭了冠达邮轮一贯的尊贵与典雅。

图 5-5 “伊丽莎白女王”号邮轮

（六）歌诗达邮轮

歌诗达邮轮（Costa Cruises）诞生于 1854 年，1948 年启动客运业务，有着悠久而辉煌的历史。歌诗达邮轮船队有着艳黄明亮色调的烟囱，搭配象征企业识别标志的英文字母 C，以意大利风情作为品牌定位。

歌诗达邮轮公司被授权成为世界上第一家在中国进行本土化业务的国际邮轮企业。在进入中国之前，歌诗达邮轮的足迹遍布除亚洲以外的几乎任何一个地区。

资料卡

歌诗达邮轮公司船队

表 5-3 船名及其部分信息

	船名 Ship	下水时间 Year of launch	载客数量 Capacity	吨位 Tonnage
	“歌诗达经典”号 Costa Classica	1991	1 680	53 000
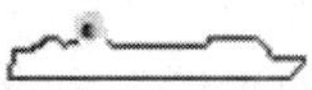	“歌诗达爱兰歌娜”号 Costa Allegra	1992	1 000	28 400
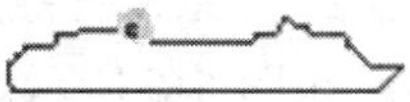	“歌诗达维多利亚”号 Costa Victoria	1996	2 394	75 200
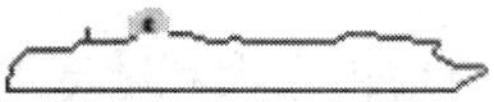	“歌诗达大西洋”号 Costa Atlantica	2000	2 680	85 700
	“歌诗达地中海”号 Costa Mediterranea	2003	2 680	85 700
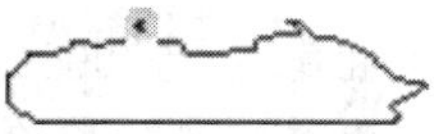	“歌诗达幸运”号 Costa Fortuna	2003	3 470	102 600

续表

	船名 Ship	下水时间 Year of launch	载客数量 Capacity	吨位 Tonnage
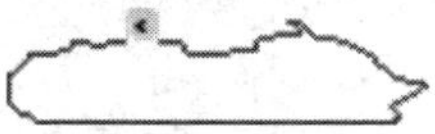	“歌诗达命运女神”号 Costa Magica	2004	3 470	102 600
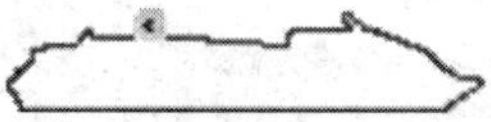	“歌诗达赛琳娜”号 Costa Serena	2007	3 780	114 500
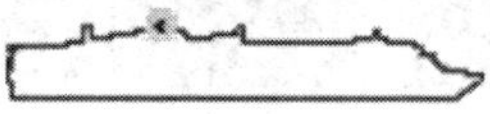	“歌诗达炫目”号 Costa Luminosa	2009	2 826	92 600
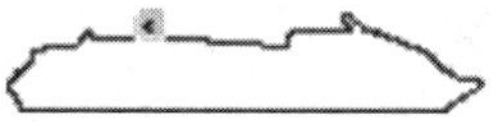	“歌诗达太平洋”号 Costa Pacifica	2009	3 780	114 500
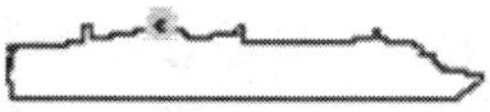	“歌诗达唯美”号 Costa Deliziosa	2010	2 826	92 600
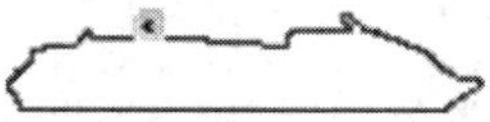	“歌诗达辉宏”号 Costa Favolosa	2011	2 984	113 000
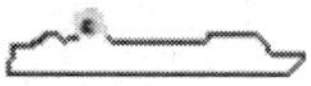	“歌诗达航行者”号 Costa Voyager	2011	927	24 000
	“歌诗达新浪漫”号 Costa neoRomantica*	2012	1 697	53 000
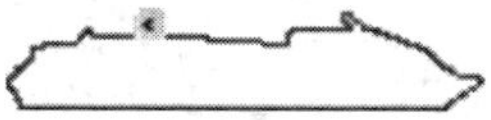	“歌诗达迷人”号 Costa Fascinosa	2012	3 780	114 500
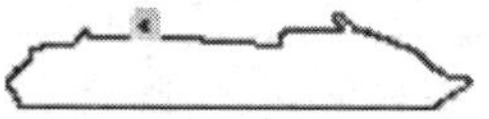	新订单	2014	4 928	132 500

注：*“歌诗达浪漫”号（Costa Romantic）1993 年下水，2012 年维修改装为“新歌诗达浪漫”号（Costa neoRomantica）。

（七）阿依达邮轮

阿依达邮轮（Aida Cruises）是德国最大的邮轮公司，主要为德国的年轻人而设计，船上活动基本上以会所形式为主，不沿袭传统的邮轮娱乐方式。阿依达邮轮最大的特点是其个性化的外形设计，邮轮船体绘有醒目的黄色眼睛和红嘴唇图案。如图 5-6 所示。

（八）伊比罗邮轮

伊比罗邮轮（Ibero Cruceros）是总部位于西班牙的邮轮品牌，目前由意大利歌诗达邮轮公司经营运作。伊比罗邮轮为游客提供最纯正的西班牙风情的邮轮假期，现代化的邮轮船队驶向欧洲各大港口以及巴西、阿根廷。

（九）铁行邮轮

铁行邮轮（P&O Cruises）原本是英国铁行渣华航运公司的邮轮事业部，于 2000 年分离出来成为独立的邮轮公司。铁行邮轮的邮轮业务有着悠久的历史，以纯粹英伦风格、提供中低价位产品作为品牌诉求，是航线遍及全世界各海域的豪华型老牌船队。目前，铁行邮轮的主要业务分布于英国本土和大洋洲的澳大利亚。

图 5-6 阿依达“AID Avita”邮轮船体图案

想一想

“冠达邮轮”和“铁行邮轮”同为拥有 170 多年历史的邮轮公司，在经营上有何异同之处？如何更好地发挥其历史悠久的品牌优势？

二、美国皇家加勒比邮轮公司

美国皇家加勒比邮轮公司（Royal Caribbean Cruises Ltd.）创建于 1968 年，总部位于美国佛罗里达州的迈阿密，是全球第二大邮轮公司。

皇家加勒比邮轮公司在全球范围内经营邮轮度假产品，旗下拥有皇家加勒比国际邮轮（Royal Caribbean International）、精致邮轮（Celebrity Cruises）、精钻会邮轮（Azamara Club Cruises）、普尔曼邮轮（Pullmantur）、CDF（Croisieres de France）以及 TUI 邮轮六大品牌，航线遍布于 160 多个充满异域风情且引人入胜的国家和地区。其主要品牌可参见表 5-4。

表 5-4 美国皇家加勒比邮轮公司主要品牌及客源市场分布

邮轮品牌 Cruise Brands		邮轮数量 Number of Cruise Ships	载客量 Passenger Capacity	主要客源市场 Primary Markets
皇家加勒比邮轮 Royal Caribbean International	RoyalCaribbean INTERNATIONAL	22	62 000	北美地区
精致邮轮 Celebrity Cruises	Celebrity X Cruises	11	21 600	北美地区
普尔曼邮轮 Pullmantur	pullmantur	4	6 300	西班牙、葡萄牙、拉丁美洲

续表

邮轮品牌 Cruise Brands		邮轮数量 Number of Cruise Ships	载客量 Passenger Capacity	主要客源市场 Primary Markets
精钻会邮轮 Azamara Club Cruises		2	1 400	北美、英国、德国、澳洲

备注：以上数据截至 2012 年 2 月。

（一）皇家加勒比邮轮

皇家加勒比邮轮（Royal Caribbean International）拥有庞大的船队阵容，分别是绿洲系列、自由系列、航行者系列、灿烂系列以及梦幻系列，每个系列的邮轮都有独特的风格，为邮轮爱好者提供高品质的邮轮体验。皇家加勒比的邮轮以吨位大、航行稳而饮誉国际邮轮市场。其邮轮航行在浩瀚的大海上，游客感觉非常平稳，几乎难以察觉海浪引起的波动。

资料卡

皇家加勒比邮轮公司船队

表 5-5　　船名及其部分信息

船队系列	船　　名	吨位	载客量
绿洲系列	“海洋魅力”号 Allure of the Seas	225 282 吨	5 400 人
	“海洋绿洲”号 Oasis of the Seas		
自由系列	“海洋自由”号 Freedom of the Seas	160 000 吨	3 634 人
	“海洋自主”号 Liberty of the Seas		
	“海洋独立”号 Independence of the Seas		
航行者系列	“海洋冒险者”号 Adventure of the Seas	138 000 吨	3 114 人
	“海洋探险者”号 Explorer of the Seas		
	“海洋水手”号 Mariner of the Seas		
	“海洋领航者”号 Navigator of the Seas		
	“海洋航行者”号 Voyager of the Seas		
灿烂系列	“海洋灿烂”号 Radiance of the Seas	90 090 吨	2 501 人
	“海洋光辉”号 Brilliance of the Seas		

续表

船队系列	船　名	吨位	载客量
灿烂系列	“海洋旋律”号 Serenade of the Seas	90 090 吨	2 501 人
	“海洋珠宝”号 Jewel of the Seas		
梦幻系列	“海洋神话”号 Legend of the Seas	78 491 吨	2 435 人
	“海洋富丽”号 Grandeur of the Seas		
	“海洋迎风”号 Rhapsody of the Seas		
	“海洋荣光”号 Splendor of the Seas		
	“海洋幻丽”号 Enchantment of the Seas		
	“海洋梦幻”号 Vision of the Seas		
君主系列	“海皇”号 Monarch of the Seas	73 941 吨	2 744 人
	“海洋帝王”号 Majesty of the Seas		

（二）精致邮轮

精致邮轮（Celebrity Cruises）成立于 1989 年，1997 年合并入皇家加勒比邮轮集团。精致邮轮品牌定位高端，拥有较高的员工乘客比率，面向具有丰富邮轮旅游经验的游客以及希望寻求高品质奢华体验的游客。

资料卡

精致邮轮公司船队

“精致新月”号（Celebrity Eclipse）
“精致剪影”号（Celebrity Silhouette）
“精致映像”号（Celebrity Reflection）
“精致无极”号（Celebrity Infinity）
“精致尖峰”号（Celebrity Summit）
“精致远征”号（Celebrity Xpedition）
“精致季候”号（Celebrity Equinox）
“精致极致”号（Celebrity Solstice）
“精致星座”号（Celebrity Constellation）
“精致千禧”号（Celebrity Millennium）
“精致世纪”号（Celebrity Century）

三、云顶香港有限公司

云顶香港有限公司（Genting Hong Kong Ltd.）前称丽星邮轮有限公司，经营丽星邮轮、挪威邮轮两大邮轮品牌，是世界第三大邮轮公司，共计拥有 18 艘豪华邮轮，航线遍及全球 200 多个目的地。其邮轮品牌及客源市场分布如表 5-6 所示。丽星邮轮是亚洲邮轮业的先驱，致力于将亚太地区发展成为国际邮轮航线目的地。

表 5-6　　云顶香港有限公司邮轮品牌及客源市场分布

邮轮品牌 Cruise Brands		邮轮数量 Number of Cruise Ships	载客量 Passenger Capacity	主要客源市场 Primary Markets
丽星邮轮 Star Cruises		7	8 500	亚太地区
挪威邮轮 Norwegian Cruise Line		11	26 500	美洲、欧洲地区

备注：以上数据截至 2011 年 12 月 31 日。

（一）丽星邮轮

丽星邮轮（Star Cruises）成立于 1993 年，在亚太地区邮轮旅游业的发展中一直担任领导者的角色，其先进的设施及完善的服务让公司屡获殊荣。丽星邮轮旗下经营“处女星”号（SuperStar Virgo）、“宝瓶星”号（SuperStar Aquarius）、“天秤星”号（SuperStar Libra）、“双鱼星”号（SuperStar Pisces）、“白羊巨星”号（MegaStar Aries）、“金牛巨星”号（MegaStar Taurus）、“挪威之梦”号（Norwegian Dream）7 艘豪华邮轮，在全球 20 个地区设有办事处，包括澳大利亚、中国、中国香港、印度、印度尼西亚、日本、韩国、马来西亚、新西兰、挪威、菲律宾、新加坡、瑞典、中国台湾、泰国、阿联酋、英国及美国等。目前，丽星邮轮正努力把新加坡和中国香港发展为邮轮豪华游的枢纽。

（二）挪威邮轮

挪威邮轮（Norwegian Cruise Line）成立于 1966 年，总部位于佛罗里达州的迈阿密，2000 年 3 月，被新加坡丽星邮轮公司收购。挪威邮轮首创“自由闲逸式邮轮假期”，精心将旅游的各种精彩元素与高档度假村的悠闲和奢华气派密切结合。旗下拥有“挪威珠宝”号（Norwegian Jewel）、“挪威明珠”号（Norwegian Pearl）等 11 艘豪华邮轮，航线遍及南北美洲、夏威夷、加勒比海、阿拉斯加、欧洲、地中海及百慕大等。挪威邮轮是唯一可以提供全年夏威夷旅游服务的邮轮公司，也是邮轮行业最知名的品牌之一。

想一想

作为亚洲邮轮旅游业的先驱，丽星邮轮在亚太地区邮轮旅游业的发展中做出了哪些卓越贡献？

四、其他邮轮公司

（一）银海邮轮

意大利银海邮轮（Silver Sea Cruises）是一家具有创新意义的奢华邮轮公司，为富有的游客提供私人定制化的环球航海旅行。

银海邮轮的“银云”号（Silver Cloud）、“银风”号（Silver Wind）、“银影”号（Silver Shadow）、“银啸”号（Silver Whisper）等邮轮都极为雅致、宽敞，提供带有私人阳台以及露天餐台的全海景套房供客人选择。意大利籍和欧洲籍的员工为游客提供最高级别的私人化服务，同时客人也拥有更大的私密空间。游客登上银海邮轮伊始，就会感受到船员是全身心地为自己服务。从戴着白手套员工的隆重敬礼，到庆祝客人到来的盛有冰镇香槟酒的长笛型酒杯，服务的精致与体贴无不深入到游客在邮轮生活细节的方方面面。在船上，游客没有日程安排，每天的活动由自己选择计划。这种服务理念是基于银海邮轮的本质精神，使客人感觉到自己身处在一个独特的私密空间。

作为奢华邮轮旅游的先行者，银海邮轮通过其一价全包的价格以及邮轮上由全球最知名的奢华品牌提供的无与伦比的服务，很快成为现代富有旅行者的不二选择。

（二）迪士尼邮轮

美国怀特迪士尼公司（Disney Cruise Line）成立于1923年，是总部设在美国的大型跨国公司。作为一个综合性娱乐巨头，怀特迪士尼公司拥有众多子公司，业务涉及多个领域。20世纪80年代，怀特迪士尼公司与高级邮轮公司（Premier Cruise Line）合作，利用其船只销售迪士尼的度假产品。1998年7月，迪士尼邮轮公司正式宣告成立。目前，迪士尼邮轮公司已有4艘豪华邮轮下水，分别是“迪士尼魔力”号、“迪士尼奇迹”号、“迪士尼梦想”号、“迪士尼神奇”号，依靠迪士尼的品牌优势和对主题公园管理的经验，主要针对带小孩的家庭旅行者，提供短期的海上度假体验。

（三）地中海邮轮

地中海邮轮（Mediterranean Shipping Cruises，MSC）成立于1987年，总部位于意大利那不勒斯，是一家纯正的意大利品牌公司。1995年，公司正式命名为地中海邮轮，同年开始发展邮轮业务，其后随着“地中海抒情”号（MSC Lirica）以及“地中海歌剧”号（MSC Opera）的建造，奠定了业务迅速增长的里程碑。地中海邮轮的标志是把“MSC”三个字母镶嵌在指南针图案中间，代表在地中海邮轮的世界里顾客永远是中心，指南针象征邮轮将驶向各个方向，从而达到公司长远目标。

地中海邮轮融和了传统海上风格、浓郁文化氛围以及著名的地中海美食烹调，为游客提供最好的品牌服务，目前旗下运营13艘豪华邮轮。地中海邮轮对于品质非常重视，是第一家获得ISO 9001：2008质量管理认证的邮轮公司，其后更获得ISO 14001环境保护证书，可见其对保护环境做出的不懈努力。

（四）丽晶七海邮轮

丽晶七海邮轮（Regent Seven Seas Cruises）是雷迪森邮轮（Radisson Cruises）与七海邮轮（Seven Seas Cruises）于1992年合并而成的，旧称“雷迪森七海邮轮”（Radisson Seven Seas Cruises），是邮轮领域的后起之秀。在合并之初，雷迪森邮轮和七海邮轮各自拥有一艘中型邮轮，分别是“雷迪森钻石”号（Radisson Diamond）以及“花之歌”号（Song of Flower），这两艘邮轮分别于2005年和2003年退役。2006年，雷迪森七海邮轮正式更名为丽晶七海邮轮。

丽晶七海邮轮定位于奢华市场，主要面向北美游客，提供高雅无忧的全包度假体验。1999年和2001年，“七海航行者”号（Seven Seas Navigator）邮轮与“七海水手”号（Seven

Seas Mariner）邮轮先后下水，其中“七海水手”号邮轮是第一艘全套房、全阳台房的邮轮。丽晶七海邮轮曾经被评选为“全球最佳小型豪华邮轮公司”以及“最佳年度邮轮”。其在奢华邮轮市场具有一定的品牌号召力。

以上国家邮轮公司的船队规模及主要客源市场可参见表 5-7。

表 5-7　　　　其他邮轮公司邮轮船队规模及主要客源市场

邮轮品牌 Cruise Brands		邮轮数量 Number of Cruise Ships	主要客源市场 Primary Markets
银海邮轮 Silver Sea Cruises	SILVERSEA	6	欧洲地区
迪士尼邮轮 Disney Cruise Line	Disney CRUISE LINE.	4	北美地区
地中海邮轮 Mediterranean Shipping Cruises	msc MSC Cruises Beautiful Passionate Italian	13	地中海、南非、巴西
丽晶七海邮轮 Regent Seven Seas Cruises	Regent SEVEN SEAS CRUISES	3	北美地区

备注：以上数据截至 2011 年 12 月 31 日。

做一做

以小组为单位，搜集某一邮轮品牌资料，对该品牌的发展历程、品牌特色、船队规模、航线分布以及市场发展等内容进行归纳，并推选代表在课堂上进行汇报展示。

思考与训练

一、选择连线

请将序号为 A-J 的邮轮名称与其隶属的邮轮品牌相匹配

（　　）（1）美国公主邮轮　　A. Legend of the Seas

（　　）（2）意大利银海邮轮　　B. MS Amsterdam

（　　）（3）美国皇家加勒比邮轮　　C. RMS Queen Mary 2

（　　）（4）挪威邮轮　　D. Seabourn Spirit

（　　）（5）迪士尼邮轮　　E. Diamond Princess

（　　）（6）美国嘉年华邮轮　　F. Norwegian Dream

（　　）（7）世鹏邮轮　　G. Carnival Dream

（　　）（8）丽晶七海邮轮　　H. Silver Spirit

(　　)(9) 冠达邮轮　　　　　　　　I. Seven Seas Navigator

(　　)(10) 荷美邮轮　　　　　　　　J. Disney Magic

二、单项选择

1. 以“快乐邮轮(Fun Ship)”作为品牌诉求的邮轮品牌是________。

A. 嘉年华邮轮　　B. 歌诗达邮轮　　C. 阿依达邮轮　　D. 加勒比邮轮

2. 以下不属于丽星邮轮公司旗下邮轮的是________。

A.“双鱼星”号　　B.“海王星”号　　C.“天秤星”号　　D.“宝瓶星”号

3. 授权成为世界上第一家在中国进行本土化业务的国际邮轮公司是________。

A. 嘉年华邮轮　　B. 皇家加勒比邮轮　　C. 银海邮轮　　D. 歌诗达邮轮

4. 能够为游客提供特有的船上烟火表演的邮轮公司是________。

A. 嘉年华邮轮　　B. 歌诗达邮轮　　C. 迪士尼邮轮　　D. 地中海邮轮

5. 丽星邮轮公司成立的时间是________。

A. 1991 年　　B. 1993 年　　C. 1995 年　　D. 1997 年

三、问题简答

1. 邮轮公司的经营业务主要包含哪些内容?

2. 举例说明邮轮公司的目标市场战略?

3. 邮轮旅游产品的销售途径有哪些?简述旅行社销售渠道的优缺点?

4. 美国嘉年华邮轮集团旗下品牌包括哪些?简述各品牌的特点与客源市场分布?

5. 简述迪士尼邮轮公司的发展历程与现状?

四、技能训练

1. 调研国内旅行社为邮轮旅游产品营销的情况。

2. 假如你毕业后的创业方向是注册并经营一家为邮轮旅游产品服务的旅行社,你要做哪些方面的准备?

拓展阅读

歌诗达邮轮公司发展历程

创立

1854 年,贾西莫·歌诗达先生创立“贾西莫·歌诗达富安德烈公司”,主要经营小规模的橄榄油和纺织品贸易。

20 世纪上半叶

1924 年,“贾西莫·歌诗达富安德烈公司”发展成为一家生产橄榄油的公司,并购置“拉文纳号”轮船用于原材料运输。

1947 年 2 月,“Maria C”首次搭载 50 名乘客起航。公司业务拓展至轮船客运。

1948 年,“Maria C”专营客运业务。同年 3 月 31 日,“Maria C”从意大利热那亚起航,前往巴西的里约热内卢以及阿根廷的布宜诺斯艾利斯。同年,公司更名为“Linea C”。

20 世纪下半叶

20 世纪 50 年代,轮船客运业务发展壮大。“Linea C”经营欧洲至南美的定期航班,并且有了新的船只。其后，邮轮业务日渐升温，并在20世纪60年代成为世界上第一家在加勒比海地区经营邮轮业务的公司。

20世纪80年代，歌诗达邮轮公司正式成立，并将邮轮业务作为经营重心。

1993年，成为第一家引入电视广告宣传的旅游运营商。广告语是“We sail for your enjoyment”（大意：航行为您带来乐趣）。

1997年，美国嘉年华邮轮公司和英国天旅公司分别收购了歌诗达邮轮公司50%的股份，并对其进行了重组和重新定位。广告语变成“Grande come il mare”（大意：海一般辽阔）。

21世纪

2000年，“歌诗达大西洋”号下水。嘉年华公司收购了天旅公司持有的歌诗达公司50%股份，成为歌诗达唯一的股东。歌诗达船队重现悬挂意大利国旗。同年，从热那亚的芬坎蒂尼造船厂订购了“歌诗达大西洋”号的姐妹船——“歌诗达地中海”号，以及另外两艘新船。

2001年，6月，收购“热带海洋”号邮轮，船队规模达到8艘。同年11月，“海滨”号邮轮退役。

2002年，4月，“歌诗达欧洲”号加入船队。新的广告语是“La vacanza che ti manca”（大意：你错过的假期）。

2003年，世界上最大的邮轮集团——美国嘉年华邮轮集团成立，歌诗达邮轮加盟其中。2003年5月，“歌诗达地中海”号下水。2003年11月，意大利历史上最大的客船——“歌诗达幸运”号交付使用。歌诗达投资并管理的萨瓦纳邮轮母港Palacrociere投入运营。

2004年，公司委托芬坎蒂尼造船厂打造吨位为114 500吨、载客量为3 780人的全新邮轮“歌诗达协和”号，并计划于2006年7月下水载客。2004年11月，“歌诗达命运女神”号投入运营。同年，歌诗达公司收购德国最大的邮轮品牌——阿依达邮轮。

2005年，1月，公司向芬坎蒂尼造船厂订购了“歌诗达协和”号的姐妹船——“歌诗达赛琳娜”号，定于2007年5月下水。2005年10月，将“歌诗达热带海洋”号转让给澳大利亚铁行邮轮。2005年12月，宣布订购一艘“哥诗达协和”号和“哥诗达赛琳娜”号的姐妹船，计划在2009年夏天投入运营。

2006年，歌诗达邮轮公司进军亚太邮轮市场。2006年夏季，“歌诗达爱兰歌娜’号驶入中国；2006年冬季，“歌诗达经典”号和“阿依达卡拉”号从迪拜启程，“歌诗达海洋”号从新加坡起航。

2007年，歌诗达邮轮公司更加国际化，开通从毛里求斯出发的新的航线。2007年4月，位于西班牙巴塞罗那由歌诗达公司投资管理的全新邮轮母港Palacruceros投入使用。2007年5月，“歌诗达赛琳娜”号交付使用。2007年7月17日，歌诗达邮轮创造1年100万游客预订的欧洲历史记录。同年，歌诗达公司和Orizonia公司合并，收购在西班牙市场经营的伊比罗邮轮品牌。

2008年，歌诗达邮轮公司举行60周年庆典。

专业英语词汇

Aida Cruises	阿依达邮轮
Carnival Cruise Lines	嘉年华邮轮
Celebrity Cruises	精致邮轮
Costa Cruises	歌诗达邮轮
Cunard Lines	冠达邮轮
Disney Cruise Line	迪士尼邮轮
Holland America Line	荷美邮轮
Ibero Cruceros	伊比罗邮轮
Mediterranean Shipping Cruises	地中海邮轮
Norwegian Cruise Line	挪威邮轮
P&O Cruises	铁行邮轮
Princess Cruises	公主邮轮
Regent Seven Seas Cruises	丽晶七海邮轮
Royal Caribbean International	皇家加勒比邮轮
Seabourn Cruises	世鹏邮轮
Silver Sea Cruises	银海邮轮
Star Cruises	丽星邮轮

模块六

现代邮轮人力资源

学习与训练总目标

- 熟悉邮轮公司的组织结构与岗位设置
- 掌握邮轮乘务员的招聘条件与招聘程序
- 熟悉邮轮乘务员的培训与激励制度
- 了解邮轮乘务员任职条件与面试技巧

课前阅读

邮轮员工的工作与生活

在公主邮轮上工作的胡安妮塔小姐来自墨西哥。她学习过经济管理和旅游管理，自幼梦想旅行，尤其是去意大利旅行观光。她在小的时候就常常收藏旅游宣传册，这样便可以想象世界不同地方的样子。初到公主邮轮，胡安妮塔仅仅是一名助理自助餐服务员，后来成为初级助理事务长。她非常喜欢海上生活的美好经历，并且有信心晋升到管理层。胡安妮塔喜欢这份工作的原因是实行岗位轮换，这意味着她可以根据合同在不同部门工作，例如岸上观光部或者机组办公室。

胡安妮塔能讲一口流利的英语和西班牙语。她注意到船上的工作人员来自不同国家、说不同的母语，员工的交往习惯也因此不同。但是，她对所有的员工都很友好。在邮轮上工作，尽管职别可能会产生一些距离，但工作人员之间都相处得非常和谐。

邮轮接待处的工作要求很高而且富有挑战性。游客在遇到问题或需要查询信息时会直接去接待处。胡安妮塔认为，接待处的工作人员既要坚强又要有爱心，与游客交谈时最好以“我能为您做些什么”开头。通常情况下，帮助游客解决问题会获得好的结果，但过程却是艰难的。胡安妮塔在邮轮停靠港口时会得到休息，但并非每次都能上岸，因为办公室需要留人值班。胡安妮塔认为，邮轮服务工作有利于学习语言和培养自己“以人为本”的观念。在邮轮上，与自己一起工作的人既是合作伙伴，也是社交对象。这就意味着大家很快会成为朋友，在合同期结束后可以去拜访来自世界各地的同事。在公主邮轮工作的这段时间，胡安妮塔已经周游了大半个世界，终于实现了自己的梦想——去了一次意大利。

资料来源：菲利普·吉布森. 邮轮经营管理. 陈扬乐，赵善梅，译. 天津：南开大学出版社，2010：112-113.

阅读思考

邮轮公司可以提供的工作岗位有哪些？

哪些岗位最具有挑战性？

你认为应聘邮轮工作岗位应该具备哪些基本条件？

子模块一　邮轮公司人力资源规划

学习与训练子目标

- 了解邮轮公司人力资源规划的涵义与主要内容
- 熟悉国际邮轮公司的组织结构与岗位设置
- 掌握邮轮上的主要工作岗位职责

邮轮公司人力资源管理就是恰当地运用现代管理职能，通过合理的招聘、选拔、录用、培训和激励等手段，实现人员配备的优化组合，调动员工的积极性。邮轮就业岗位的特殊性对邮轮公司人力资源管理提出了很高的要求。为了做好邮轮人力资源管理，首先要进行的就是人力资源的合理规划。

一、人力资源规划基础

（一）人力资源规划的涵义

人力资源规划（Human Resource Planning，HRP）是以企业发展战略为指导，以全面核查现有人力资源、分析企业内外部条件为基础，以预测企业对人员的未来供需为切入点，所进行的包括组织人事规划、制度建设规划、员工开发规划等各项人力资源管理工作。

邮轮公司人力资源规划有利于确保公司发展过程中对人力资源的需求，保障人力资源管理活动的有序进行，合理控制各项人力资源成本，同时调动邮轮员工的工作积极性和创造性，为邮轮公司的经营运作提供强有力的人员保障。

（二）人力资源规划的内容

邮轮公司的人力资源规划必须根据公司总体发展目标进行，一般包括战略规划、组织规划、制度规划、人员规划以及费用规划五个方面的内容。

1. 战略规划

战略规划是根据公司总体发展战略目标，对公司人力资源开发和利用的方针、政策和策略的制定，是各项人员资源具体计划的核心。

2. 组织规划

组织规划是对公司整体人力资源框架的设计，主要包括组织信息的采集、处理和应用，组织结构图的绘制，组织调查、诊断和评价以及组织机构的设置等。

3. 制度规划

制度规划是公司人力资源总体规划目标实现的重要保证，包括人力资源管理制度体系建设的程序以及制度化管理等内容。

4. 人员规划

人员规划是对公司人员总量、构成和流动的总体规划，包括人力资源现状分析、公司定员、人员需求和供给预测、人员需求和供给平衡等内容。

5. 费用规划

费用规划是对公司人工成本、人力资源管理费用的整体规划，包括人力资源费用的预算、核算、结算以及人力资源费用控制。

想一想

邮轮公司进行人力资源规划的必要性是什么？
邮轮公司的人力资源规划与邮轮乘务员的职业生涯有何关系？

二、邮轮公司组织与人员规划

（一）邮轮公司组织规划

组织是一个合作系统，一个邮轮公司就是一个组织。通过组织，人们可以完成只凭个人之力无法完成的工作或达到个人之力无法达到的目标，还可以实现比同样数量单独工作的个人更高的工作效率。要做好邮轮公司的人力资源管理，首先要科学设计邮轮公司的组织结构（Organizational Structure），即邮轮公司全体员工为实现经营目标，在各项工作中进行分工协作，在职责范围、责任、权利等方面所形成的结构体系。

从全球范围来看，各大邮轮公司规模大小不同，组织结构也略有不同。小型邮轮公司内部组织结构分工较粗略，主要包括市场部、巡航部、财务部、人事部等部门。大型邮轮公司员工成千上万，内部组织结构分工更为细化，一般实行董事会之下的总裁负责制，其组织结构如图 6-1 所示。

（二）邮轮公司人员规划

邮轮公司进行人员规划，需要关注的焦点问题包括：人员数量；员工应具备的素质和技能；如何对员工进行培训开发；员工招聘如何进行等。概括来讲，主要包括三个方面的内容，即人员结构规划、人员数量规划和人员质量规划。

1. 人员结构规划

人员结构规划又称为层级规划，即确定合理的人员分层分级结构，是人员数量规划和人员质量规划的基础。要做好人员结构规划，需要对公司的职位进行分类、分层，然后对公司现有人员结构进行诊断，并对未来人员结构给出优化建议。

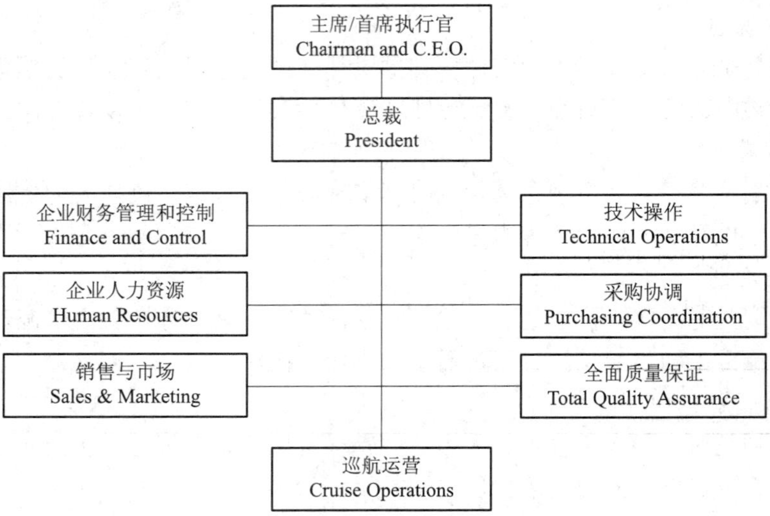

图 6-1　国际邮轮公司组织结构图

按照工作地点的不同，邮轮公司的工作岗位可以分为两种。

（1）岸上工作岗位（Onshore Position）。岸上工作岗位主要涉及管理、预订、市场、销售、客户服务、技术、人力资源等领域。

（2）船上工作岗位（Onboard Position）。船上工作岗位主要涉及船舶安全航行以及游客接待服务等领域。

邮轮公司的人力资源管理部门必须合理进行岸上及船上工作岗位设置，从而实现岗位设置的科学合理，更好地推动公司发展战略目标的实现。

2. 人员数量规划

邮轮公司科学合理地安排员工，还必须要有相应的数量标准。人员数量规划又称为定员编制，是根据邮轮的经营方向、规模、档次、业务等情况，确定邮轮的岗位设置，规定必须配备的各类人员的数量。

邮轮公司在进行定员配备时，影响因素是多方面的，比如邮轮公司规模、船队规模以及邮轮设计等级等。公司规模和船队规模越大，所需要的员工数量也就越多。对于邮轮而言，绝大多数邮轮拥有大规模的设施与活动，这就需要雇佣大量的员工以确保游客的需要。在一艘大型邮轮上，按照员工与游客之比约为 1:3 的比例计算，通常会有上千名工作人员。而在一些设施设备和服务水平更为完善的高端邮轮上，员工与游客之比可以高达 1:1。此外，邮轮公司在员工定员配备方面具有很大的灵活性，通常会根据季节以及市场需求模式的变化进行调整。

经典邮轮赏析

船名：“世鹏探索”号（见图 6-2）

船东：世鹏邮轮

吨位：32 000 吨

载客量：450 人

员工：330 人

首航时间：2011 年 6 月

图 6-2 “世鹏探索”号邮轮

“世鹏探索”号（Seabourn Quest）邮轮是世鹏邮轮豪华船队中的最新成员。2011 年 6 月 20 日，“世鹏探索”号在巴塞罗那命名。该邮轮沿袭了世鹏邮轮一贯的高端定位，高水准的服务团队为游客环游世界的旅途提供精心周到的服务。

想一想 邮轮公司的人员数量规划标准与陆地酒店有何不同？为什么？

3. 人员质量规划

人员质量规划又称为任职要求规划，目的是确定各岗位所需的人员的素质与能力。岸上管理层人员的配备是邮轮公司经营成败的关键，需要经过严格的测评和考核。船上工作同样需要高素质的管理人员和服务人员去完成，他们在不同岗位履行各自的职责和义务，在确保安全航行的同时为游客提供既周到又富含个性化的服务。

邮轮公司人员结构规划、数量规划以及质量规划三者相辅相成、同时进行，这是一项系统而又庞大的工作。公司管理层需要根据邮轮公司经营目标设定部门、细分岗位，并对每一职位都要进行职位分析，确定该职位的工作目的、职责、工作内容、工作环境、所需知识与技能要求等，同时确定现在及未来对员工数量的需求情况，据此制定详细的计划并实施。

想一想 “世鹏探索”号邮轮人员结构、数量以及质量是如何进行规划的？

三、邮轮公司船上工作岗位与职责

（一）邮轮公司船上岗位设置

邮轮公司船上岗位主要分布在航海部、轮机部、酒店部以及医疗部四个部门。船长（Captain）是邮轮上的最高指挥官。有的邮轮上还设有神职人员（Chaplain）和环境官员（Environmental Officer）。

邮轮公司船上岗位设置如图 6-3 所示。

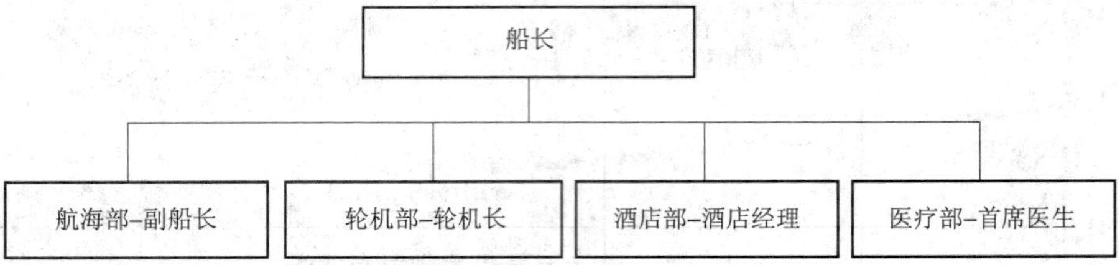

图 6-3　邮轮公司船上岗位设置

1. 航海部（Deck Department）

航海部门的主要职责是在船长的领导下，负责船舶营运和船舶驾驶、船体保养、船舶停泊安全以及主管救生、消防、堵漏工作及其设备器材的管理。

在我国，船长是指依法取得船员资格以及船员适任证书，受船舶所有人雇佣或聘用，主管船上行政和技术事务的人。在欧美国家，邮轮船长被称为是“聚光灯下的人物”。担任邮轮上的船长至少需要具有 20 年的航海经验，入职时必须通过各项考核和在岗培训，熟悉海洋、航海等相关安全规程。而作为邮轮上的最高指挥官，船长在船上也拥有绝对的权力，有权对船舶、员工、顾客等相关问题采取相应措施。在游客登上邮轮后，船长也会出席船上的社交活动，对游客表示最直接的欢迎。

副船长（Staff Captain）是船长工作繁忙时航海部的主要负责人，监督邮轮的安全航行以及安全保障系统，监管内外维护、安全和纪律工作。根据邮轮的大小和等级不同，航海部还设有大副（Chief Officer）、二副（2nd Officer）、三副（3rd Officer）等。无线电报务长（Radio Officer）负责船舶到岸呼叫以及船上所有的通信系统。保安部经理（Chief Security Officer）负责安全疏散、防火以及身份查验等安全工作。以上职位均需要取得相关海事部门颁发的船员适任证书等任职资格证书，属于高级船员的范畴。

想一想

邮轮上的船长为什么被称为“聚光灯下的人物”？
为什么至少要具备 20 年的航海经验才能担任邮轮的船长职务？

2. 轮机部（Engine Department）

轮机部门的主要职责是监管所有的邮轮机械运行、电力保障、废物处理以及燃料、维护和保养工作等。

轮机长（Chief Engineer）是轮机部的最高管理者，此外还设置有大管轮（1st Engineer）、二管轮（2nd Engineer）、三管轮（3rd Engineer）、首席空调设备工程师（Chief Air-conditioning Technician）、电气工程师（Electronic Engineer）、制冷工程师（Refrigeration Engineer）等岗位，其任职条件同航海部门一样，应取得船员适任证书等资质，属于高级船员范畴。

资料卡

《中华人民共和国海船船员适任证书》

《中华人民共和国海船船员适任证书》简称《船员适任证书》，是在中国籍海船上任职的船长、高级船员和值班水手、值班机工应当持有与其所服务的船舶航区、种类、等级或主机类别和所担任的职务相符的有效适任证书。它的取得以及使用要遵循《中华人民共和国海船船员适任考试、评估和发证规则》的规定，它是在中国籍海船上任职的海员、在可以任职的职务、可以任职的船舶以及可以任职的航区的重要凭证。

3. 酒店部（Hotel Department）

酒店部门是邮轮上的对客服务部门，其工作岗位与服务职责和陆地上的酒店、度假村类似，在员工数量上也占据主导地位。

各大邮轮公司根据自己的战略需要经营酒店服务，从而满足邮轮游客的各种需求。邮轮是一个庞大而多元化的社区，规模大且情况负责，要求细心管理和协调，因此，酒店经理（Hotel Director）必须具有专业化的航游知识和酒店管理知识，从而领导其专业团队为邮轮上的游客提供高水平的服务。

4. 医疗部（Medical Department）

邮轮上的医疗部门主要职责是为邮轮上的游客和船员提供多种医疗服务。医疗部的首席医生（Chief Doctor）领导着医生（Doctor）、护士（Nurse）、药剂师（Pharmacist）、理疗师（Therapist）和牙医（Dentist）等职员。如果游客或船员在大海中遇到意外轻微损伤、不便之处和紧急情况，医生会给予帮助。邮轮上的医疗服务不是免费的，账单的处理方式与陆地上的医院和诊所一样。一些邮轮公司也将医疗人员安排在酒店部门以创造收益。

做一做

组成四人小组，模拟担任邮轮上的船长、轮机长、首席医生与酒店经理，分别负责介绍航海部、轮机部、医疗部与酒店部的部门职责及人员配备情况。

（二）酒店部门岗位设置与任职资格

1. 酒店部门岗位设置

邮轮酒店部门的岗位设置因为所属邮轮公司的不同而各有不同，但常见的岗位通常包括前台经理、餐厅经理、酒吧经理、行政总厨、客舱经理、赌场经理、娱乐经理以及其各自下属的职位等。

（1）前台经理（Front Deck Manager）。前台经理管理前台接待员（Receptionist）为游客办理住宿期间的入住退房手续，核查游客入住客舱期间的账单，同时受理顾客投诉、行李遗失、调换房间以及货币兑换业务。

（2）餐厅经理（Restaurant Manager）。餐厅经理负责为游客提供各式食物和饮品，同时进行餐厅的收支核算。餐厅经理领导的主要员工有餐厅服务员领班（Dining Room Head Waiter）、餐厅服务员（Dining Room Wait Staff）、咖啡厅服务员（Café Wait Staff）、自助餐服务员（Buffet Server）、洗碗工（Dishwasher）、餐厅勤杂工（Busboy）等。这些员工的薪水与高级职员相比较低，但获得小费的机会比较多。

（3）酒吧经理（Bar Manager）。酒店经理带领酒吧服务员（Bar Waiter / Waitress）、鸡尾酒服务员（Cocktail Waiter / Waitress）、调酒师（Bartender）以及侍酒师（Wine Steward）等为游客提供各类酒水服务。

（4）行政总厨（Executive Chef）。行政总厨负责所有厨房部门的运营与管理，监督食物的准备过程，确保离开厨房的所有食品的品质。在邮轮上的厨房，行政总厨带领副厨师长（Sous Chef）、西式糕点主厨（Pastry Chef）、厨房领班（Chef de Partie）、面包师（Baker）、屠宰员（Butcher）等为游客准备美味可口的食物。

（5）客舱经理（Housekeeping Manager）。客舱经理同样需要有良好的组织管理能力和沟通能力，从而更好地协调客舱服务员领班（Head Room Steward）、客舱服务员（Cabin Stewardess）、洗衣房主管（Laundry Supervisor）、洗衣房员工（Laundry Staff）、行李员（Bell Man）以及甲板保洁员（Deck Steward）等员工的工作。

（6）赌场经理（Casino Staff）。赌场经理需要有丰富的赌场从业经验，并且掌握至少两种赌博游戏。赌场员工主要有发牌员（Casino Dealer）、收银员（Casino Cashier）、老虎机技师（Slot Technician）等。赌场在邮轮停靠港口的时候就会关闭，这也给了赌场员工们更多上岸观光的机会。

（7）娱乐经理（Cruise Director）。娱乐经理协调邮轮上的所有娱乐活动，乐于社交，殷勤有礼，负责主持游客登船欢迎会和船长招待会，是邮轮员工和游客之间的沟通纽带。娱乐经理助理（Assistant Cruise Director）是娱乐经理的得力助手。娱乐部的工作在邮轮上也是比较受欢迎的，包括娱乐部职员（Cruise Staff）、活动协调员（Activity Co-ordinator）、潜水教练（Dive Instructor）、音乐主持人（Disc Jockey，DJ）、艺人（Entertainer）、嘉宾艺人（Guest Entertainer）、喜剧演员（Comedian）、歌手（Singer）、舞蹈演员（Dancer）、乐师（Musician）、演说家（Lecturer）等。

除了这些岗位之外，邮轮酒店部门还设有秘书（Hotel Secretary）、库存经理（Inventory Officer）、客户关系经理（Guest Relation Manager）、排版员（Desk Top Publisher）、总管事（Chief Crew Steward）等职位。

邮轮上的工作经常是交叉重叠的。邮轮规模越小，其工作交叉进行的可能性也就越大。此外，按照国际惯例，很多为游客提供的服务项目都是采取服务外包或者特许经营的模式，因此并不是所有邮轮酒店部门的工作人员都是邮轮公司员工。但一般情况下，邮轮酒店员工统称为“邮轮乘务员”或“海乘”。

想一想

举例说明邮轮酒店部门工作的交叉重叠性？
处于这种工作方式下的员工应该注意哪些问题？

2. 酒店部门任职资格

任职资格是指为了保证工作目标的实现，员工必须具备的知识、经验、技能、素质与行为等方面的要求。

邮轮在浩瀚的大海上航行，而且邮轮上的游客来自世界不同的国家，这些都给邮轮乘务员任职条件提出了更高的要求。对于这些邮轮员工来说，良好的心态、健康的体魄、娴熟的技能以及必备的专业证书是其任职的基本条件。

（1）良好的心态。良好的心态是在邮轮上工作的首要条件。邮轮员工生活和工作在邮轮这个特殊环境中，对其心理有一定的影响。在船工作期间，因职务、岗位、分工的固定化，加上工作性质的特殊性，导致员工无论是上班工作期间还是业余休息期间，所扮演的角色基本一成不变。按照心理学理论，角色的不断变化，是促进一个人身心健康重要指标之一。而邮轮员工在一段时间里角色的相对固定、长期缺乏与社会进步信息的交流等容易造成邮轮员工心理活动的模式化，从而导致其心理疲劳，主要表现在强烈的思亲情绪、有一定的孤独感、情绪容易变化且心理宣泄的渠道较少等困难。因此，除了邮轮公司加大对员工的关心和辅导之外，邮轮员工也应该树立良好的心态，具备自我调节能力以及团队合作能力，能够处理好船上的人际关系。

想一想

为什么说良好的心理状态是邮轮工作的首要条件？
怎样在日常学习与生活中锻炼和培养自己的良好心态？

（2）健康的体魄。除了要具备良好的心态之外，邮轮员工还需要有健康的体魄。邮轮招聘员工时对性别没有严格限制，但是对年龄的要求则很明确。亚洲邮轮一般要求员工年满 18 周岁以上，而欧美邮轮一般要求员工年满 21 周岁以上。邮轮公司对员工视力没有特殊要求，但要求脸部应无明显疤痕，不能有慢性疾病、传染性疾病以及遗传性易发疾病等。由于邮轮员工负荷的工作量比较大，因此，求职者应该加强体能训练，保持健康体魄。

（3）娴熟的技能。邮轮是个特殊的场所工作，除航海、轮机、医疗等技术部门员工需要掌握相关的专业技能以外，酒店部门的员工也必须要在登船工作之前有相关的酒店或邮轮工作经验（Relevant Professional Background），并且能够熟练使用英语或者其他外语进行交流（Good Command of Foreign Language），以便更好地为邮轮上的游客提供服务。

（4）必备的证件。邮轮的工作环境不同于陆地酒店，且航行的范围较为广泛，因此需要取得相应的海上适任证书和其他相关证件。

① 护照、签证与工作邀请函。通过邮轮公司面试之后，员工会接收到邮轮公司所寄出的工作邀请函。员工持工作邀请函与护照办理相应的签证手续。

② 健康证、国际预防接种证。近年来，随着国际交流的增多，国际间疫情频发，出入境人员均有卫生检疫要求，需要办理健康证以及国际预防接种证。

③ 海员证、船员服务簿。通过相关海事部门专业考核所获得的海上从业证书。

资料卡

中华人民共和国《海员证》、《船员服务簿》

《海员证》是由中华人民共和国海事局统一印制并签发的中国海员出入中国国境和在境外使用的有效身份证件，是海员的专用护照。它表明持证人具有中华人民共和国国籍，其职业为船员。《海员证》签发给在中国籍国际航线船舶和在外国籍船舶工作的中国海员。

《船员服务簿》是记录船员本人的资历、有关训练和参加体格检查情况的证件，是船员申请考试、办理职务升级签证和换领船员适任证书的证明文件之一。为了加强对中国籍船员的服务和监督管理，记载并核定船员的服务资历，中华人民共和国海事局于1985年1月1日颁布并实施了《船员服务簿》制度。《船员服务簿》由各海事机关负责签发、监督、管理。

邮轮乘务员申请《海员证》与《船员服务簿》，需要经过系统培训并获取相关专业培训合格证书、特殊培训合格证书以及国际航行船舶船员专业英语考核合格证明。

做一做

通过网络搜集各大邮轮公司的招聘信息，分析这些邮轮公司对邮轮乘务员工作岗位以及任职资格的描述各有什么特点？并在课堂上进行讨论。

子模块二　邮轮员工招聘与培训

学习与训练子目标

- 掌握邮轮乘务员的招聘条件与程序
- 熟悉邮轮乘务员的培训与激励办法
- 掌握邮轮乘务员面试技巧

现代邮轮经营活动能否正常运营，能否为游客提供高质量的服务，取决于邮轮员工的综合素质与业务能力和服务水平；而员工素质的高低、能力的强弱，又与员工招聘、培训等工作的开展密切相关。恰当地选择并激励员工有助于确保在所有对客接触中保持邮轮的形象和价值。

一、邮轮员工招聘

员工招聘是人力资源管理中一个非常重要的环节，是寻找并且筛选合适的申请人填补岗位空缺的过程。只有对招聘环节进行有效的设计和良好的管理，才能得到高质量的员工。邮轮公司在制定招聘策略时必须牢记：开展招聘工作的目标是什么？需要招到什么样的员工？需要工作申请人接收到什么样的信息？这些信息怎样才能最好地传达给工作申请人？

（一）邮轮员工招聘方式

邮轮员工招聘的方式主要有内部招聘和外部招聘两种。

1. 内部招聘

一般情况下，邮轮上很多工作岗位的空缺是由公司现有员工补充的，因此，公司内部是很好的招聘来源。通过内部招聘，既可以节约招聘成本，又可以获得对邮轮比较熟悉且技能已经得到证实的申请人。内部招聘涉及现有员工的晋升或调动两种类型。

（1）内部晋升。内部晋升是填补邮轮内部空缺职位的最好办法。除了省事省力之外，提升的员工对邮轮内部情况已经有了相当的了解，不至于产生“震撼性现实”现象，更重要的是可以对邮轮员工的进取心、工作积极性产生激励作用。

在进行内部晋升时，首先，要确定晋升候选人，对候选人的个人品德、才能、工作表现、工作年限进行考查，从而考虑其是否具有提升资格；其次，要对晋升候选人进行潜在能力和发展能力的测评，诸如分析问题能力、计划决策能力、沟通协调能力以及岗位业务能力，以考查其综合素质和提升潜力；最后，确定晋升人选。

（2）内部调动。邮轮员工内部调动有很多原因。首先，邮轮组织结构进行调整。由于经营环境或经营状况发生改变而对原有设置的部门和岗位进行分离或组合，从而引起部分员工职位变动。其次，为了增强员工的适应能力或改变长期从事某种工作带来的枯燥感，可以采取不同岗位之间交替培训的方式来发挥员工的潜力。再次，有些员工掌握的技能与工作岗位要求不相适应，可以进行内部调动为其创造新的工作环境，以发挥其才能和工作积极性。

想一想

邮轮公司在什么情况下会采取内部招聘的方式？
内部招聘方式对公司和员工个人分别具有哪些好处？

2. 外部招聘

为了满足邮轮公司对人员的大量需求，同时，为公司内部补充新生力量，邮轮公司常常采取外部招聘的方法。常见的外部招聘渠道包括招聘广告、员工推荐与申请人自荐、招聘代理中介等。

（1）招聘广告。邮轮公司直接对外发布招聘广告招募所需人才。招聘广告可以提供有关工作岗位的足够信息，以使那些潜在的申请人能够将工作岗位的需要同自己的资格和兴趣进行比较。招聘广告也是邮轮广告的一种形式，阅读招聘广告的不仅有工作申请人，还有邮轮公司的潜在客户，所以邮轮公司的招聘广告还代表着公司的形象，提醒公众关注邮轮的产品和服务。

（2）员工推荐与申请人自荐。邮轮公司还可以通过现有员工推荐的方式雇佣新员工，这样既可以节约招聘成本，又可以获得忠诚且可靠的员工。另外，对于毛遂自荐的应征者，邮轮公司也应该给予礼貌而及时的答复。

（3）招聘代理中介。代理招聘是人才服务机构利用自身资源优势，通过专业化的运作手段，为企业广泛搜寻所需人才，并对人才进行分层筛选，为企业定向推荐最适用专业人才的一种服务模式，是确保企业岗位需求与人才高度匹配的一种高效纳才渠道。

为了提高服务水平，适应来自世界各地旅游者的需要，邮轮公司倾向于从世界各地招聘员工，这就需要从各地选择合适的邮轮招聘代理商或招聘中介进行代理招聘。邮轮公司提供招聘岗位需求和岗位职责，由招聘代理商的专业招聘团队设计专业的招聘方案，并负责整个招聘过程中发布招聘信息、搜索人才、收集和遴选简历、人才评估等各个环节的工作，根据邮轮公司需要提供服务邮轮职位要求的人选供邮轮公司选择。代理招聘简单快捷，不仅更有针对性，而且可以节约招聘成本、降低招聘风险，因此被各大邮轮公司广泛采用。

想一想

招聘代理中介在邮轮公司外部招聘时发挥了什么样的作用？

（二）邮轮员工招聘程序

根据邮轮公司招聘计划确定的所需员工数量和质量要求，招聘与选拔的规范程序一般包括发布信息、初步筛选、审核资料、面谈与测试、体检、聘用等程序。

1. 发布信息

通过网络、中介公司广泛发布或在指定区域发布邮轮员工招聘职位信息。

2. 初步筛选

同应聘者进行初步接触，经过筛选后发给职位申请表。通过简单问话、目测、验证、填表和了解应聘者的身体素质、文化程度、工作经历等情况，挑选基本符合邮轮要求的人员。

3. 审核资料

审核职位申请表及有关材料。一般来说，对应聘者的初步评价是通过审阅完整的工作申请表、检查应聘者的求职资料来实现。

做一做

根据一家邮轮公司的乘务员招聘条件，分析自己的综合能力是否达到招聘条件的要求？同时制作一份应聘书。

4. 面谈与测试

面谈是通过与应聘者面对面的交谈，观察应聘者的表情、动作姿态、谈话态度、思维广度、回答速度以及心理素质，评价应聘者是否适宜邮轮职位、是否具有培养潜力等。

邮轮上的很多工作岗位会与顾客高度接触，因此，招聘者需要评价应聘者的性格，诸如善于与人相处、灵活、有专业态度、有上进心以及注重外表等。有实际技能、知识和领悟能力的应聘者很可能成为有价值的邮轮员工。

资料卡

邮轮公司常见面试问题

- Tell me a bit about yourself and your experience?
  请简单介绍一下你自己和你的经历？
- Why do you wish to work on a cruise ship and what do you know about living onboard?
  为什么你希望在邮轮上工作？你对船上生活了解多少？
- Life on board is very different than life on land. Is there any reason why you would not be able to commit to an onboard 6 or 8 month assignment away from your family and friends, working 10-12 hours a day, 7 days per week?
  船上生活与陆地生活有很大的区别。你能否远离父母亲人 6 至 8 个月，并且每天工作 10 至 12 个小时、每周工作 7 天？
- When living on board, you may share a small cabin with another person; in some cases you may have to share with up to three other people from different parts of the world. How do you feel about this, and what would you do to adapt to this new lifestyle?
  在船上生活时，你需要和来自不同地方的人同住一间客舱。你对此有何感想？如何去适应这种新的生活方式？
- If I contact your past employers, what would they say about your work habits and reason for leaving?
  如果我同你以前的雇主联系，他们会如何评价你的工作习惯和离职原因？
- What type of activities do you enjoy on your free time?
  空闲时间你有什么样的兴趣爱好？
- Can you speak other foreign languages except English?
  除了英语之外，你还会其他什么外语？

5. 体格检查

邮轮是服务性行业，对员工的健康标准由严格的要求。通过体格检查可以了解应聘者是否具有胜任工作的健康体质。

6. 正式聘用

签订劳动合同，被录用者办理入职相关手续。

做一做 以小组为单位，进行邮轮公司面试过程的情境模拟并在课堂展示，讨论在参加邮轮公司面试之时应该注意哪些事项？

二、邮轮员工培训与激励

为了符合邮轮对客服务的标准和要求，邮轮员工应该得到适当的培训和学习机会。经过培训，每一位员工都能够树立起服务意识，掌握必备的服务技能。此外，邮轮员工工作的环境和氛围还应对邮轮员工产生激励。

（一）邮轮员工培训

培训是一种有组织的管理训诫行为。为了达到统一的科学技术规范、标准化作业，通过目标规划设定、知识和信息传递、技能熟练演练、作业达成评测、结果交流公告等现代信息化的流程，让员工通过一定的教育训练技术手段，达到预期的水平提高目标。

邮轮员工培训是一个系统的过程，它通过提高员工的技能水平，增强员工对邮轮公司未来规划和理念的理解以及改进员工的工作态度，旨在提高员工特征和工作要求之间的配合程度。常见的邮轮员工培训包括入职培训（Induction Training）和在岗培训（In-service Training）两种类型。

1. 入职培训

入职培训又称为岗前培训，是邮轮员工在正式进入邮轮工作之前所接受的培训。

入职培训的目的是让新员工对邮轮工作特性与岗位职责有一个初步的了解和基本认识。对于很多第一次上邮轮工作的员工来说，进入一种陌生的环境，往往会感受到很大的压力，比如环境与人员的陌生、经验与岗位的暂时不适、理想与现实的落差等，从而导致不能全身心或愉快地投入工作，既不利于邮轮的经营，又不利于员工的自身发展。入职培训可以缓解员工的焦虑和困惑情绪，帮助员工快速消除陌生感并尽快融入邮轮工作环境，培养员工对邮轮工作的积极态度，因此，不容忽视。

邮轮公司新员工的入职培训时间一般为两周至一个月的时间，采取集中课堂培训的方法，并对每个人的培训效果进行严格测评。主要内容是：公司培训讲师向新入职员工介绍公司创建背景、经营理念、品牌特色、客源状况、组织结构、规章制度等，以此帮助员工融入企业文化，培养员工的归属感。培训讲师在新员工培训方面具有很多优势，比如：丰富的邮轮实务经验，熟悉邮轮公司文化，熟悉邮轮内部专用沟通语言，擅长与新员工沟通和交流等。各大邮轮公司根据情况的不同可以灵活安排入职培训，以达到预期的效果。

2. 在岗培训

在岗培训是对已经有一定教育背景并且已在岗位工作的员工进行的再培训活动。根据培训目的不同，在岗培训可以分为转岗晋升培训以及改善绩效培训两种类型。

（1）转岗晋升培训。转岗培训是对已经批准转换岗位的员工进行的，旨在使员工达到新的岗位要求；晋升培训主要针对拟晋升人员，旨在使其达到更高一级岗位要求。转岗晋升培训内容主要是新岗位或高一级岗位的任职要求与技能训练。

（2）改善绩效培训。改善绩效培训是希望员工提高工作绩效所进行的在岗培训，培训内容涵盖公司经营理念、邮轮品牌特色、岗位规章制度、对客服务技巧等方面，通过集中授课、操作要领指导等方式进行。歌诗达邮轮公司为员工制作了书面以及视频培训资料，员工在邮轮上工作之余要进行自学并接受考核。如图 6-4 所示。

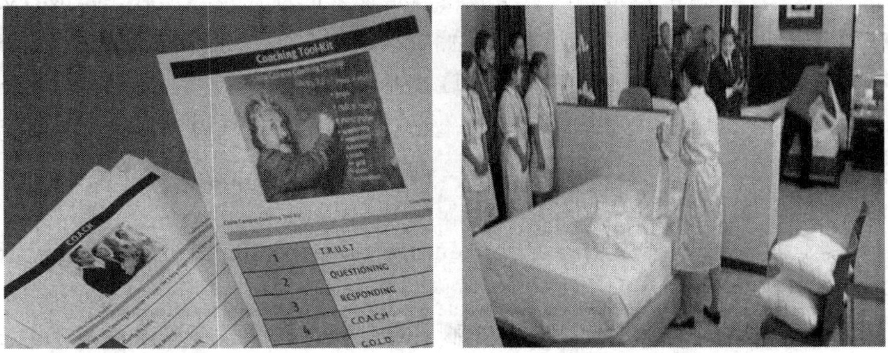

图 6-4 歌诗达邮轮公司在岗培训

提升在岗员工操作技能常用的方法是工作指导（Job Instruction），即对某项工作需要做什么以及如何做进行详细的指导，是在岗培训的一种极为有效的方式。工作指导可以从知识、技能等方面进行，主要侧重于工作岗位业务知识的掌握和具体操作规程的熟练程度进行培训，尽量使员工熟练地掌握必备的服务技巧以及应对突发事件的能力。

培训过程主要包括两个方面：一是展示并告知受训者做什么、怎么做；二是让受训者实际操作并按照正确的做法独立熟练操作。培训实施者首先必须解释和示范工作内容，然后让受训者练习，一步一步示范操作，必要时纠正错误，直到受训者能正确履行岗位职责为止。

岗位工作指导对于员工完成相对单一的工作任务非常有效，其有效性归根于为员工提供了广泛的实践机会并收到针对性很强的反馈。每个员工理解和吸收培训材料的速度不同，遇到的问题也不同。入职培训使邮轮员工具备了基本的岗位任职资格，但并不意味着员工已尽善尽美，也不能确保每个员工都能达到要求。工作指导可以使入职培训的不足得以弥补，使邮轮员工进一步发展和提高自己的工作能力，更好地完成邮轮上的对客服务。

想一想 邮轮员工的在岗培训是如何进行的？在岗培训可以采取哪些方式？

（二）邮轮员工激励

激励（Motivation）一词原是心理学的一个术语，是指激发人的动机的心理过程。从字面含义中可以看出，激励既包括激发、鼓励、以利益诱发之意，也包含约束和规划之意。

1. 邮轮员工激励的重要性

邮轮员工激励是邮轮公司通过创设适当的奖励形式和工作环境，以一定的行为规范和惩罚性措施，激发、引导、保持和规范邮轮员工行为，从而有效地实现邮轮及其员工个人目标的系统活动。

现代邮轮是一个庞大、交流密集的社区。在这里，人们都是朋友和同事，在一起工作，相互支持。无论是在社交时间还是工作时间，邮轮员工任何形式的消极沮丧都与邮轮公司的利益相悖。邮轮公司聘用员工采用固定期限的雇佣合约形式，一般情况下，合约为期 6 个月、8 个月或者 10 个月。在雇佣合约的约束下，员工每天持续、重复地干一种工作，很容易产生焦虑、乏味的情绪。这就要求邮轮公司采用科学有效的激励措施，以调动员工的工作积极性，开发员工的潜在能力，促进员工更好地发挥聪明才智与创新精神。

2. 邮轮员工激励的类型

邮轮员工激励可以分为内在激励（Intrinsic Motivation）和外在激励（Extrinsic Motivation）两种类型。

（1）内在激励。内在激励来源于员工和工作任务之间的直接联系，完成工作本身产生的成就感、挑战感和胜任感，都可以成为某种内在激励因素，对工作本身的兴趣也是一种内在激励因素。

（2）外在激励。外在激励来自于外部的工作环境，诸如工资、附加补贴、公司政策和各种形式的监督等。比如，邮轮公司为船上员工提供的免费自助餐、免费工作服、免费洗衣服务、免费饮料啤酒、免费娱乐设施、免费生活日用品以及亲属邮轮旅游折扣等服务都可以成为外在激励因素。休假期间，有的邮轮公司还会为员工免费提供往返机票。此外，安全的工作环境也为邮轮公司所注重。

某些因素既可以是外在激励因素，又有内在激励性质。绝大多数邮轮公司注重对邮轮员工的激励。歌诗达邮轮公司为员工颁发跨越赤道证书，为员工留下环游世界的印证，也是一种独特的员工激励方式。

想一想

邮轮公司为什么要对员工进行激励？请讨论员工激励的方法还有哪些？

思考与训练

一、多项选择

1. 关于邮轮人力资源规划，以下说法中正确的是________。

A. 人力资源规划有利于确保邮轮公司对人力资源的需求

B. 邮轮人力资源规划会受到季节等因素的影响

C. 绝大多数邮轮上员工配备数量应该与邮轮载客量相同

D. 邮轮上酒店部门员工在数量上要多于航海、轮机以及医疗部门

2. 邮轮乘务员在国际航线的邮轮上工作，必备的证件包括________。

A. 健康证　　B. 护照、签证　　C. 海员证　　D. 船员服务簿

3. 以下属于邮轮员工外在激励因素的是________。

A. 较高的工资收入　　B. 免费的娱乐设施

C. 工作场合的监督　　D. 工作的乐趣

二、问题简答

1. 什么是邮轮人力资源规划？邮轮人力资源规划的内容包括哪些？

2. 邮轮公司有哪些船上工作岗位？尝试画出邮轮公司船上组织机构图。

3. 你考虑过上邮轮工作吗？你选择去邮轮工作的理由是：

（1）________________________________

（2）________________________________

（3）________________________________

你不会选择去邮轮工作的理由是：

（1）________________________________

（2）________________________________

（3）________________________________

4. 简述邮轮公司招聘的基本程序？

5. 什么是岗前培训？什么是工作指导？

三、情境训练

假设你是邮轮乘务专业的毕业生 JACK，具有较高的英语水平和一年酒店实习经验，希望在邮轮公司招聘酒吧服务员的面试中脱颖而出。

1. 讨论邮轮公司外方面试时的注意事项？

2. 尝试用英语回答以下问题：

（1）Tell me a bit about yourself and your experience?

（2）Why do you wish to work on a cruise ship and what do you know about living onboard?

3. 分小组进行 JACK 参加外方面试过程的情境模拟。

拓展阅读

邮轮上的雇员

邮轮公司通常雇佣一些具有相关背景知识，并且英语水平较高的员工。如果在邮轮上有工作经验，那么将会获得优先录取。邮轮上的员工来自很多个国家。

很多想在邮轮上工作的人是因为想要去旅行。然而，仅仅这样还不行，陆地上相关工作经验以及人际交往能力同样很重要。最常见的工作背景是酒店行业。餐馆和酒店是学习对客服务最合适的地方，相关专业院校可以提供很好的平台。这些专业院校的毕业生获得邮轮公司雇佣的几率非常大。

邮轮像是一个“浮动的水上度假村”。当你结束了一天的工作却不能回家，只能继续待在船上。邮轮公司也会雇佣一些在旅游、娱乐、演讲、儿童保育、健美、销售、顾客关系、健康、医疗和会计行业有经验的人。邮轮公司的所有员工必须能够用英语进行交流，如果能够掌握其他西方语言更是能够为员工增加附加值。

邮轮公司会雇佣一些跳槽者、毕业生以及退休人员。邮轮上的员工需要经验丰富、诚实可靠、性格外向，并且有娴熟的对客服务技能。如果具备团队合作精神，那么将更加受欢迎。好的员工不仅需要快速有效率地完成工作，而且还应该保证高质量。

如果在邮轮上有过工作经验，那么将获得优先录取。酒保、出纳以及旅行部的职位通常会提供给有经验的候选人以及在面试过程中很好地展现个人才能的新人。

资料来源：http://www.cruiselinesjobs.com/

如何获得邮轮上的工作

很多年轻人梦想着在海上、尤其是在邮轮上工作，但是很少有人知道邮轮上的工作是什么样的。可以肯定的是，邮轮应聘者们必须意识到他们是去工作，而不是去度假。

如果他们通过了某一邮轮公司的面试，他们不能选择要去工作的船只以及航行区域，而是必须要严格遵守邮轮公司的相关规定。

邮轮上的新员工在进入邮轮工作以后需要接受一定程度的培训，必须遵守纪律和各种限制条件，比如，在工作中不能随意进出游客区域，而且督导人员希望员工的脸上要始终保持微笑。然而，另一方面，邮轮工作可以给年轻人提供较高的收入，而且还有机会游览到很多具有异域风情的目的地。

如果你想要了解大海的魅力、色彩和气息，那么就来邮轮工作吧！你需要做的就是联系你身边的招聘代理，他们会告诉你关于获得邮轮工作的信息、要求以及你的机会。

打完电话以后，如果招聘代理人员认为你具有不错的条件，那么他们会邀请你去代理机构进行初步的面试。如果你符合条件并且会说比较流利的英语，招聘代理公司会将你的信息登记在册，并向邮轮公司推荐进行下一轮面试。

整个招聘程序结束以后，你将会获得在邮轮上工作的机会，非常美妙但是也很辛苦。大海并不总是风平浪静，有时也会遭遇风浪。当船摇晃颠簸的时候，你需要保持镇定并为游客提供帮助，并做好后续的整理工作。

感兴趣吗？那就不要犹豫了，联系你周围的招聘代理去获得一份船上工作吧！

资料来源：http://www.cruiselinesjobs.com/

专业英语词汇

1st engineer	大管轮
baker	面包师
bar manager	酒吧经理
bartender	调酒师
bell man	行李员
buffet server	自助餐服务员
busboy	餐厅勤杂工
butcher	屠宰员

casino cashier	赌场收银员
casino dealer	赌场发牌员
captain	船长
chaplain	传教士
chief doctor	首席医生
chief engineer	轮机长
chief officer	大副
cruise director	邮轮娱乐部经理
dancer	舞蹈演员
deck steward	甲板保洁员
dentist	牙医
desk top publisher	排版员
dishwasher	洗碗工
dive instructor	潜水教练
environment officer	环境官
executive chef	行政总厨
front deck manager	前台经理
guest relation manager	客户关系经理
head waiter	服务员领班
hotel director	酒店经理
housekeeping manager	客舱经理
laundry supervisor	洗衣房主管
lecturer	演说家
musician	乐师
pharmacist	药剂师
receptionist	前台接待
restaurant manager	餐厅经理
staff captain	副船长
therapist	理疗师

模块七

现代邮轮旅游地理

学习与训练总目标

- ◆ 掌握世界邮轮旅游航线的主要分布区域及景点特色
- ◆ 熟悉邮轮码头的分类以及邮轮母港的形成条件
- ◆ 熟悉世界著名的邮轮母港城市发展状况
- ◆ 能够根据邮轮旅游资源分布情况设计简单的航线规划

课前阅读

三亚邮轮母港打造“东方迈阿密”

2011 年 11 月，丽星邮轮公司的“宝瓶星”号开通了“三亚—越南”冬季航线。三亚从旅游目的地升级为旅游集散地，一扇通往广阔海洋旅游的大门从此被打开。

邮轮选择停靠或开通航线的城市，应具有一定的旅游价值，比如丰富的旅游资源、良好的接待能力、充足的客源市场、相应的配套设施等。三亚被称为中国唯一的“国际性热带滨海旅游城市”，也是全亚洲顶级的度假胜地之一，被联合国世界旅游组织前秘书长弗朗加利评价为“美丽超出了想象”；三亚长夏无冬，具备四季不冻港的条件，这座南海边耀眼的滨海旅游城市，成为中国最早的邮轮停靠港之一。

历史——“狮子”拉开广阔蓝图

据三亚海防口岸办记载，第一艘到访三亚的邮轮是 1984 年 7 月 2 日广州海运局的“马兰”号；继而，德国“欧罗巴”号 1995 年 3 月 19 日到访；日本“洋上天使”号 1995 年 4 月 23 日到访……1995 年 6 月 15 日至 10 月 19 日之间，丽星邮轮派旗下的“双鱼星”号试水三亚，开始每周一个航次，相对固定地将三亚作为停靠港。同属丽星邮轮的“狮子星”号自 2000 年 2 月至 2002 年 12 月每周至少停靠三亚一次。不仅远眺邮轮或与邮轮合影成为游客在三亚湾游玩的必备项目，且登岸游客也明显地拉动了三亚旅游消费，三亚邮轮经济的发展蓝图被这只海上“狮子”悄然拉开。

转折——“凤凰”建起邮轮母港

“狮子星”号造访三亚，严格意义上还不能算停靠。因当时没有邮轮港口，每次邮轮只能抛锚于离岸数海里的海面，然后用救生艇把游客分批运送到岸上进行观光、购物、餐饮等活动，三亚市海防口岸办、海事局、海关、边检站、检验检疫局等工作人员对邮轮游客的联检也只能登上邮轮进行。直至 2009 年 11 月，三亚成功主办的“第四届邮轮产业发展大会”才使三亚建设邮轮母港的有利条件得到充分展现。

其实，三亚申请立项的凤凰岛邮轮港项目早在 2002 年就正式提上建设日程，并先后完成填岛、造桥、航道疏通、码头建设、开港、联检大楼建设等重大项目。2006 年 11 月 9 日，凤凰岛邮轮码头通航，当即吸引“歌诗达爱兰歌娜”号邮轮前来停靠。2008 年 5 月，奥运火炬传递三亚站的首站选址凤凰岛，更使三亚凤凰岛国际邮轮港广为世人认知，三亚邮轮产业像“凤凰”一般高飞九天。

起步——“宝瓶”盛装无限商机

2011 年 11 月，“宝瓶星”号邮轮的“三亚—越南”航线开通，使凤凰岛邮轮港全面进入“母港时代”，为三亚旅游带来无限商机。邮轮虽然仅安排了靠港一日游，但须在母港等候出入境，游客逗留期间的吃、住、行、游、购、娱等岸上消费增加颇多。邮轮本身更需支付诸如停靠、补给、废物处理、维修等一系列费用，所引发的相关产业链很长。随着邮轮航线的增多，邮轮游客将成为三亚旅游客源的重要组成部分，三亚旅行商也将摆脱“地接社”的束缚，成为邮轮游客的接待者和输送者。

展望——“风帆”驰骋万里海疆

丽星邮轮的率先进入，使凤凰岛声名鹊起。为迎接邮轮旅游黄金时代的尽快来临，三亚边检采用先进的网上远程验证方案，提前登轮办理相关手续，简化通关手续，实现 3～5 秒放行一个游客，使凤凰岛成为我国通关速度最快的港口。

正在筹建中的凤凰岛二期工程一俟竣工，港区可同时停靠 6 艘邮轮，年接待游客过 200 万。届时，三亚这个与迈阿密有着相同纬度、气候条件和旅游资源的港口，将成为南中国海最耀眼的邮轮母港与亚洲邮轮之都。

资料来源：http://www.sanya.gov.cn/news/syaw/data/t20111123_30738.shtml

阅读思考

1. 当前全球的热点邮轮旅游区域分布在哪里？
2. 三亚打造“南中国海最耀眼的邮轮母港”有何得天独厚的条件？

子模块一　世界邮轮旅游区域

学习与训练子目标

- ◆ 掌握北美、欧洲邮轮航线主要分布区域及景点特色
- ◆ 熟悉中南美洲、非洲、亚太地区邮轮航线主要分布区域及景点特色
- ◆ 能够根据邮轮旅游资源分布情况设计简单的邮轮航线

阿拉斯加的秀美冰河、加勒比海的温暖沙滩、巴拿马运河的人工奇迹、地中海海岸的心旷神怡……豪华邮轮搭载着游客，航行在世界上最美丽的海域。不同区域所拥有的

不同地理环境和资源条件，决定着邮轮旅游业可能的发展水平。

一、邮轮旅游区域划分

按照世界地理区划以及邮轮旅游资源的分布规律，全球邮轮旅游目的地（Tourist Destination）可以划分为北美洲、中南美洲、欧洲、非洲、亚太地区五大区域。

一般而言，旅游资源（Tourism Resource）是发展邮轮旅游业的基础和凭借，主要指对旅游者有吸引力，能激发旅游者的旅游动机，具备一定旅游功能和价值，可以为旅游业开发利用，并能产生经济效益、社会效益和环境效益的事物和因素，主要包括自然风景旅游资源和人文景观旅游资源两大类。西方国家将旅游资源称为旅游吸引物（Tourist Attractions），不仅包括旅游地的旅游资源，而且包括接待设施、优良服务以及舒适快捷的交通条件。

邮轮旅游资源的形成、开发和利用，因受自然条件和人文因素的影响，分布上具有明显的地域性特征。当前，邮轮旅游活动的主要区域仍然集中在北美和欧洲。

北美是全球邮轮旅游的主要客源市场，据国际邮轮协会统计显示，2010 年，其定期邮轮公司会员接待邮轮游客 1 600 万人次，其中 73%的游客来自北美。丰富的邮轮旅游资源以及成熟的邮轮旅游客源市场，使北美地区成为全球领先的邮轮旅游目的地。

欧洲是邮轮旅游的发源地，有着悠久的历史、杰出的艺术以及高雅的生活方式，同样是全球最受欢迎的邮轮旅游目的地之一。

此外，随着全球邮轮旅游市场的普遍活跃，中南美洲、非洲和亚太地区也以各自特色吸引各大邮轮公司关注以及越来越多邮轮游客的到来。

想一想　举例说明世界邮轮旅游资源分布的地域性特征？

二、北美洲邮轮旅游区域

（一）阿拉斯加

美国的阿拉斯加（Alaska）是全球著名的邮轮旅游目的地，有宜人的小镇、秀美的海湾、清新的空气、蓝白色的冰山、轮廓起伏的山脉以及丰富的野生动物，如图 7-1 所示。由于气候和光照的原因，邮轮会在夏季前往阿拉斯加，每年的 5 月到 9 月中旬，是阿拉斯加邮轮旅游比较集中的季节。

阿拉斯加的邮轮旅程通常在 7 天左右，常见的线路是从温哥华或者西雅图出发，向北穿过狭长的海岸，游览冰川湾国家公园（Glacier Bay National Park）以及阿拉斯加最长的冰河——哈伯冰河（Hubbard Glacier）。一些邮轮公司还会提供更多的邮轮旅游选择，比如，让游客通过火车深入阿拉斯加腹地，在德纳里国家公园（Denali National Park）住宿观光，更为全面地了解阿拉斯加。在阿拉斯加，凯奇坎（Ketchikan）和朱诺（Juneau）是邮轮造访较多的港口。

图 7-1　阿拉斯加风光

1. 凯奇坎

凯奇坎是阿拉斯加最东南的城市，是邮轮进入阿拉斯加的第一站，被誉为“阿拉斯加之门”。凯奇坎在印第安语里是“展翅之鹰”的意思，小城的两大产业是旅游业和三文鱼。凯奇坎依山傍水，民宅五颜六色，充满了鲜艳的色彩。

2. 朱诺

朱诺是阿拉斯加的首府，是一个坐落在山脚下风景如画的小镇。朱诺号称是美国唯一一个无法开车抵达的首府，只能乘坐飞机或者轮船前往。到达朱诺后，游客可坐直升机飞往冰川游览，亲身踏足在玲珑剔透的冰雪上，也可乘独木舟溯流而上，前往当年发现金矿的罗伯特山区，体验淘金者的艰辛。

经典邮轮赏析

船名：“珊瑚公主”号（见图 7-2）

船东：公主邮轮

图 7-2　“珊瑚公主”号邮轮

吨位：92 000 吨

载客量：1 970 人

客舱：987 间

首航时间：2003 年

“珊瑚公主”号（Coral Princess）邮轮被誉为游客的“梦想之船”，先进的阳台客舱、美味的餐厅及牛排馆、以伦敦为主题的赌场及酒吧、梦幻般的结婚礼堂，让游客充分体验到奢华气派以及宾至如归的感觉。在航行于阿拉斯加的邮轮中，公主邮轮公司的邮轮占据了绝大多数。“珊瑚公主”号邮轮每年夏季航行于充满童话色彩的冰川之间，满载着游客去追逐多年前淘金者的足迹。

做一做

以小组为单位，为“珊瑚公主”号邮轮设计一条“阿拉斯加冰河之旅”邮轮旅游航线，并选派代表在课堂上进行航线的推介展示。

（二）墨西哥海岸

迷人的白色沙滩、活泼的艺术生活、奇妙的建筑设计以及神秘的玛雅遗址古迹（Mayan Ruins），让墨西哥（Mexico）深受邮轮游客的青睐。游客既可以享受日光浴、品尝龙舌兰酒、追寻玛雅人的遗迹，也可以去比比皆是的珠宝首饰露天市场购买银饰、宝石和纪念品。这一区域邮轮旅游航线以短线为主，比较常见的是 3 天至 1 周的行程，适合初次参加邮轮旅游的游客。豪华邮轮从美国西海岸的洛杉矶（Losangeles）等地出发，向南驶向墨西哥太平洋海岸（Mexico’s Pacific Coast）的港口，常见的旅游目的地包括马萨特兰（Mazatlan）、巴雅尔塔港（Puerto Vallarta）等。

1. 马萨特兰

马萨特兰是墨西哥西部太平洋海岸最大的港口城市和游览胜地，位于锡那罗亚州西南奥拉斯阿尔塔斯湾的半岛上。马萨特兰城市沿半岛伸展，海滩绵长优美，气候冬暖夏凉，是冬季休养度假胜地。游客到此，可以包船出海去钓枪鱼和旗鱼，可以搭乘两轮马车沿着海岸线行驶观光，还可以去大街小巷观看盛开的花树。

2. 巴雅尔塔港

巴雅尔塔港是墨西哥著名的海滨度假胜地，鹅卵石铺就的街道、充满活力的艺术社区、繁华的都市气息以及浪漫的海浪沙滩吸引了大批的邮轮游客。游客到此可以潜水、划船、打高尔夫球、钓鱼、赏鲸和骑马。

做一做

搜集邮轮公司开辟的墨西哥太平洋海岸航线，分析并讨论该地区邮轮旅游航线为何适合初次参加邮轮旅游的游客？

（三）北美东海岸

在美国和加拿大的东部海岸（Eastern Coast），邮轮游客可以尽情领略历史悠久、独具风格的城市风光。无论是新英格兰地区，还是加拿大的魁北克市（Quebec）、蒙特利尔（Montreal），欧洲殖民者的足迹比比皆是。在东海岸航行的邮轮种类繁多，既有可以搭载大约 50 名游客的微型邮轮，又有堪称海上巨无霸的豪华邮轮。邮轮旅游季节从每年的 5 月份开始，到 10 月份“枫叶之旅”之后开始进入淡季，游客可以在冬季从邮轮公司获得比较优惠的邮轮船票价格。

沿着北美东部海岸或者美国和加拿大政府于 1959 年联合开凿的圣劳伦斯水道（St. Lawrence Seaway），邮轮公司通常为游客提供短则两三天、长则半个月的旅游航线。常见的登船港口有蒙特利尔（Montreal）、纽约（New York）、巴尔的摩（Baltimore）、波士顿（Boston）、费城（Philadelphia）、查尔斯顿（Charleston）等。

1. 波士顿

波士顿位于美国东北部大西洋沿岸，是美国马萨诸塞州的首府和最大城市，也是美国最古老、最具文化价值的城市之一。在美国革命时期，波士顿是一些重要事件的发生地，也曾经是重要的航运港口和制造业中心。

2. 蒙特利尔

蒙特利尔是加拿大商业金融中心以及全国第二大城市。独特的法国文化底蕴，使蒙特利尔成为世界上仅次于法国巴黎的第二大法语城市以及加拿大最富有浪漫气息的城市，素有“北美巴黎”之称。蒙特利尔的艺术氛围浓厚，游客可以在艺术博物馆、现代博物馆以及数以百计的当地顶尖美术馆中看到许多杰作。蒙特利尔又有“尖塔之城”的美誉，每跨一两个街区便可看到一个哥特式建筑的教堂。

（四）百慕大群岛

百慕大群岛位于北大西洋西部、加勒比海以北 1 200 海里处，由大约 150 个珊瑚岛和小岛组成。从美国东海岸航行至此需要一天半的时间。邮轮旅游业是百慕大政府重点发展的目标之一，而该地区丰富的旅游资源以及富有神秘色彩的地理环境也使其成为全球邮轮游客首选的旅游目的地。

夏季是邮轮到访百慕大群岛的黄金时间。邮轮从北美东海岸的波士顿、纽约、费城、巴尔的摩、诺福克甚至佛罗里达出发，到达百慕大的两大邮轮港口——百慕大首府汉密尔顿（Hamilton）以及君王码头（Kings Wharf）。百慕大政府对邮轮上的音乐、博彩和娱乐演出有着严格的法律规定，使得在百慕大停靠的邮轮无法提供邮轮上常见的娱乐服务，因此邮轮在百慕大停靠期间的船上活动较少。因陆地上酒店的价格昂贵，很多游客会选择将停靠在港口的邮轮作为夜晚住宿的酒店。

大量邮轮的到访对该国狭小的地域造成了一定的负面影响，如交通堵塞、海滩拥挤、废物丢弃等。因此，政府规定到访的每艘邮轮最多载客人数为 1 500 人。

想一想

百慕大政府为支持该地区邮轮旅游业的发展采取了哪些鼓励与管理措施？

为什么要限制每艘邮轮的最大载客量？

（五）加勒比海地区

邮轮倾向于在温暖和煦的气候条件下、在平静的大海上航行。加勒比海（Caribbean）地区依托气候优势，大力发展邮轮旅游，其邮轮旅游航线的多样性在全球首屈一指，而且大部分是全年运营。短途航线有 1～2 天的航线，长途航线可以从纽约港一直航行至中美洲。最为普遍的航线通常为期一周，途中停靠 4～5 个不同的港口，这些港口城市可能隶属于不同的国家，这些国家受到法国、英国、荷兰和西班牙等欧洲各国文化的影响，游客可感受到不同的历史和港口风情。

绝大多数邮轮公司会将旗舰船只放在加勒比海地区，以争夺这个最大的市场。一些邮轮公司还在此拥有私家岛屿，比如皇家加勒比邮轮公司的可可礁、荷美邮轮公司的半月礁等。拥有这些私家岛屿不仅可以让邮轮公司从游客的岸上活动中获得更多收益，还可以降低港口停泊的相关费用。

按照惯例，加勒比海邮轮旅游区又可以划分为三个区域：东加勒比海/巴哈马地区（Eastern Caribbean/The Bahamas）、西加勒比海地区（Western Caribbean）和南加勒比海地区（Southern Caribbean）。

1. 东加勒比海/巴哈马航线

东加勒比海邮轮旅游航线是加勒比海地区邮轮旅游航线中最为经典的线路，也是邮轮游客最常选择的线路。邮轮从美国佛罗里达州的罗德岱堡起航，造访巴哈马群岛、圣马丁、圣汤马斯等几个大的岛屿目的地。这些岛上风光以巴哈马殖民地风貌为主，中世纪时期，这里曾经海盗横行，因此，留下了许多传奇故事和历史遗迹。和平岁月中，纯净的海水和洁白的沙滩，使该地区成为潜水爱好者的天堂和邮轮游客的度假胜地。

（1）圣胡安（San Juan）。圣胡安是美国自治领地波多黎各（Puerto Rico）的首府和最大城市，位于波多黎各岛的东北岸。波多黎各是构造完美的热带岛屿，在 16 世纪由西班牙殖民统治。圣胡安于 1521 年建成，西班牙语意为“富裕之港”。小岛包罗各种热带景观，拥有多个美丽海滩，游客可以从圣胡安市中心直接步行到邮轮码头，在“16 世纪的环境中，找到 21 世纪的便利”。

（2）美属维尔京群岛（U.S. Virgin Islands）。美属维尔京群岛的夏洛特阿玛利亚（Charlotte Amalie）是东加勒比海地区景色最优美的港口之一，一年四季都受到邮轮游客的青睐，毗邻邮轮码头的购物中心为游客购物带来很多便利。圣约翰岛（St. John）上辽阔的国家森林保护区是理想的徒步旅行、划独木舟、潜水活动的胜地。圣托马斯（St. Thomas）也是美属维尔京群岛的一部分，曾经是丹麦的殖民地，绵延的白色沙滩世界闻名。群岛上还有许许多多的品牌免税店，钻石、银器、水晶或酒类等免税商品都非常值得购买。

（3）拿骚（Nassau）。巴哈马群岛（The Bahamas）是位于大西洋西岸的岛国，地处美国佛罗里达州以东，古巴和加勒比海以北，包含 700 多座岛屿和珊瑚礁。拿骚是巴哈马群岛的首都，是一个古文明的神奇与新世纪的梦幻交汇的地方。粉红与白色外墙的建筑是巴哈马群岛被英国殖民统治 300 年历史的见证，喧闹的酒吧、赌场与豪华酒店则是另一种不同风格的繁华景象。拿骚被称为是“购物者的天堂”，知名大师设计的服装、当地的手工艺品以及各类珠宝首饰应有尽有，其免税的价格对游客也非常具有吸引力。图

7-3 是邮轮停靠在巴哈马的邮轮码头。

图 7-3　邮轮停靠巴哈马邮轮码头

2. 西加勒比海航线

与东加勒比海地区风景优美的岛屿、海滩景色相比，西加勒比海地区展现给邮轮游客的是更多文化层面的景观，比如大开曼群岛的南美原始人文风情和墨西哥著名的玛雅文化遗址等。常见的邮轮旅游目的地包括基韦斯特（Key West）、牙买加（Jamaica）以及大开曼岛（Grand Cayman）等地。

（1）基韦斯特。基韦斯特是美国本土最南端的城市，有棕榈树点缀的环境古雅的街道、数百年历史的姜饼屋以及自称为“海螺”（Conchs）的岛民。“日落庆典（Sunset Celebration）”是基韦斯特岛民和游客共享的传统庆典活动，音乐家、杂耍艺人、滑稽剧演员和其他表演者们都会献上各种娱乐项目。邮轮游客经常到访的地方还有海明威故居（Homes of Ernest Hemingway）、哈里·杜鲁门的“小白宫”（Harry Truman's “Little White House”）以及传说中的邋遢乔的小酒馆（Legendary Sloppy Joe's Tavern）。

（2）牙买加。牙买加的独特文化融合了非洲色彩、西班牙风格和英国传统，形成一个热情洋溢、友善好客的民族。优越的地理位置和曼妙的自然景观，使牙买加成为海上交通枢纽以及加勒比海邮轮旅游胜地。八条河（Ocho Rios）是牙买加最受游客喜爱的港口城市，瀑布、河流、海滩应有尽有。安东尼奥港（Port Antonio）享有“世界香蕉之都”的美誉，丰富的历史遗产和壮丽的景色使其成为游客探寻真实牙买加的完美旅游胜地。

（3）大开曼岛。开曼群岛（Cayman Islands）是位于加勒比海西北部的英国殖民地，包括大开曼、小开曼（Little Cayman）和开曼布拉克（Cayman Brac）诸岛，大开曼面积最大，人口最为稠密，中世纪海盗王曾将这个海岛作为海盗的总指挥部。大开曼岛盛产加勒比海海龟，因此又名“海龟岛”。

3. 南加勒比海航线

邮轮是穿梭南加勒比海地区最为便捷的交通工具。尽管南加勒比海的邮轮旅游线路与东、西加勒比海地区的线路相隔不远，但给游客带来的感受却不尽相同。从地貌上讲，西加勒比海地区地势平坦，没有海拔很高的岛屿；南加勒比海邮轮线路所经之处的地貌复杂多样，既有绝美的海滩，又有地势险峻的火山与瀑布。在一些岛屿上，游客还可以看到土著居民的生活轨迹。众多邮轮旅游线路中比较经典的是从波多黎各的圣胡安港口出发，途径多米尼加岛（Dominica）、巴巴多斯（Barbados）等地。

（1）多米尼加岛。多米尼加是加勒比海上的岛国，向来有“加勒比赏鲸宝地”之称，到访游客可以观赏到海鲸和海豚，可以穿越景色优美的山涧峡谷，还可以在夜晚潜入苏菲尔湾附近的香槟暗礁海域。如何想挑战极限，还可以跋涉至全球第二大沸腾湖，饱览难得一见的独特景观。

（2）巴巴多斯。巴巴多斯岛风景秀丽，有“海上疗养院”和“阳光富翁”之称，同时也是世界闻名的“甘蔗之国”、“朗姆酒之国”。除此之外，滑板冲浪、潜艇游海底是邮轮游客比较青睐的旅游项目。

做一做

搜集东加勒比海、西加勒比海以及南加勒比海地区不同的邮轮旅游航线，分析比较各地区分别具有什么样的邮轮旅游资源特色以及航线特色？

三、中南美洲邮轮旅游区域

（一）中美洲

中美洲（Central America）是世界最主要的生态旅游目的地之一，有着郁郁葱葱的热带雨林和丰富多彩的野生动物，以及世界上历史悠久的工程奇迹之一——巴拿马运河（The Panama Canal）。尽管如今类似于“玛丽王后2”号这样的巨型邮轮无法通过巴拿马运河，但是一些邮轮公司仍会利用吨位较小的邮轮提供穿越这一伟大工程的邮轮航线，沿途停靠中美洲和加勒比海地区的一些港口城市。该地区邮轮旅游航线常年向游客开放，但旅游旺季通常是在每年的4月至9月，经典的邮轮航线行程通常在10天至25天，甚至更长时间。

1. 哥斯达黎加

哥斯达黎加（Costa Rica）东临加勒比海、西靠太平洋，有着一千多公里的海岸线。绿色的草地、清澈的河流和茂密的森林，在哥斯达黎加随处可见。哥斯达黎加是野生动物的乐园，有很多国家公园。

2. 巴拿马运河

巴拿马运河（The Panama Canal）是世界上最伟大的工程奇迹和最重要的水道之一。游客乘坐在邮轮上，可以看到超级巨轮是如何小心翼翼地通过狭窄的河道，船身离运河两边的河岸仅有几米的距离。巴拿马城东北边缘的麦瑞福劳斯水闸（Miraflores Locks），设有让游客观看水闸运转的平台，还有小型博物馆展示着运河的各种信息、播放与运河有关的影片。

（二）南美洲

南美洲（South America）的气候与北美洲的气候正好相反，邮轮旅游季节大约从每年的10月份开始，到次年的4月份接近尾声，其中12月、1月和2月航线最为密集。

常见的邮轮出发港有巴西的里约热内卢（Rio de Janeiro）、智利的瓦尔帕莱索（Valparaiso）以及阿根廷首府布宜诺斯艾利斯（Buenos Aires），还有一些线路从北美的圣地亚哥（San Diego）、纽约（New York）或者劳德代尔堡（Fort Lauderdale）出发，并向南一路延伸。

与传统的邮轮停靠陆地港口不同，邮轮公司还会开辟一些绕南美大陆环游的线路，通过最南端的合恩角（Cape Horn），甚至会直达南极大陆，这是至今邮轮所能到达的最遥远的地方之一。一些探险或者科考的游客会选择这样的线路，航行时间从 13 天到 40 天不等。

1. 南美航线

对于邮轮游客来说，这片充满活力的大陆与温暖的加勒比海一样熠熠生辉。从巴西的里约热内卢到秘鲁的马丘比丘（Machu Picchu），都融合着传统与现代的浪漫，具有耐人寻味的文明与自然美景。

（1）布宜诺斯艾利斯。布宜诺斯艾利斯是阿根廷最大城市、首都和政治、经济、文化中心，素有“南美巴黎”的美誉。这里阳光普照、绿野千里、空气清新，布宜诺斯艾利斯在西班牙语中就是好空气的意思。因为曾经是西班牙的殖民地，这座城市十分欧化，不仅城市居民几乎都是欧洲移民的后裔，而且城市布局、街景以及居民的生活方式、文化情趣，处处显露出欧洲风情。穿过这里的大街小巷，就能看见一对对舞蹈着的街头探戈，让观看者如痴如醉。

（2）阿里卡（Arica）。阿里卡是智利的港口城市，这座有着悠久古代文明的城市拥有美丽的海滩和著名的博物馆。近年来，阿里卡巨大的、强有力的海浪吸引了很多热爱冲浪的年轻人，这里也成为世界上最优秀的冲浪运动员的挑战胜地。阿里卡的工艺品市场和鲨鱼三明治也很受游客喜爱。

（3）马丘比丘。马丘比丘是南美洲最重要的考古发掘中心，是秘鲁最受欢迎的旅游景点。由于独特的位置、地理特点和发现时间较晚，马丘比丘成了印加帝国最为世人熟悉的标志，被称为印加帝国的“失落之城”。马丘比丘被联合国教科文组织定为世界遗产，是世界上为数不多的文化与自然双重遗产之一。

（4）里约热内卢。里约热内卢是巴西的第二大城市，充满着桑巴节奏、阳光、丰富色彩和真正的度假气氛。美丽的蒂茹卡森林（Tijuca Forest）是世界上最大的市区森林，绵延的白色海滩是享受日光浴的完美之地。

做一做

搜集南美洲地区邮轮旅游航线，分析其邮轮旅游资源特色以及航线特色？

2. 南极航线

南极洲（Antarctica）被称为是人类最难接近的大陆，95%以上的陆地全年被极厚的冰雪覆盖，放眼望去尽是层层累积的冰山、冰河奇异的水蓝色，冰山上有美丽的条纹和大理石纹理，大自然鬼斧神工令人赞叹。看似宁静的南极蕴藏着丰富的生态物种，船只航行时经常可以看到鲸鱼在海面翻滚，另外还有数量庞大的海狮、海豹、信天翁和海燕等。游客前往南极旅游，可以抵达梦幻岛（Deception Island）体验海上温泉以及蒸汽海滩，在洛克岛（Port Lockroy）购买食物、邮寄信件，在天堂湾（Paradise Harbour）欣赏阳光让冰河中的倒影光彩夺目，或者在半月岛（Half Moon Island）观看摇头晃脑的企鹅以及大批的海狮、海豹。每年的 12 月到第二年的 2 月光照时间较长，会有邮轮抵达南极。这些邮轮多半小于 2 万吨，搭载的乘客数量不多于 200 人，被设计成破冰船或者有坚硬的船体。

资料卡

“海钻石”号邮轮南极洲探险巡游之旅

表 7-1　　行程安排

时间	行程安排	住宿
第 1 日	乘飞机前往阿根廷首都布宜诺斯艾利斯	飞机
第 2 日	抵达布宜诺斯艾利斯，参加欢迎晚宴与探戈舞会	当地酒店
第 3 日	乘飞机前往阿根廷最南端海港乌斯怀亚	当地酒店
第 4 日	游览乌斯怀亚，下午港口登船	邮轮
第 5-6 日	德雷克海峡、南设特蓝群岛游览	邮轮
第 7-10 日	登陆南极半岛	邮轮
第 11-12 日	经过德雷克海峡向北返航	邮轮
第 13 日	乌斯怀亚下船，乘飞机前往布宜诺斯艾利斯	当地酒店
第 14-15 日	布宜诺斯艾利斯参观，乘飞机返回	飞机

图 7-4　南极洲探险巡游之旅

四、欧洲邮轮旅游区域

欧洲在邮轮旅游发展史上扮演了举足轻重的角色，现今仍是全球最为发达的邮轮旅游目的地之一。北欧、地中海以及经典的横跨大西洋航线吸引着大批邮轮游客纷至沓来，富含文化底蕴的内河也是该地区邮轮旅游的上佳之选。游客乘坐邮轮，可以自由地探寻欧洲古老而悠久的历史、精湛绝伦的艺术、著名的葡萄酒庄园以及中世纪的城堡等。

（一）地中海地区

地中海（The Mediterranean）是世界上最大的陆间海之一，位于亚洲、非洲、欧洲三大洲之间，东西长约 4 000 千米，南北最宽处约 1 800 千米，面积约为 250 多万平方千米。地中海地区是世界上邮轮旅游业最为发达的地区之一，拥有很多值得一看的港口和目的地。该区的自然风光和历史文化魅力对很多邮轮游客产生了巨大的吸引力，客源市场十分广阔。

地中海海域宽广，很多邮轮公司以意大利半岛为中心，将该地区的邮轮旅游航线分为东地中海/爱琴海行程（Eastern Mediterranean/Aegean Sea）和西地中海行程（Western Mediterranean）。

1. 东地中海/爱琴海航线

在地理区划上，东地中海地区包含亚得里亚海（Adriatic Sea）、爱奥尼亚海（Ionian Sea）、爱琴海（Aegean Sea）三个海域；在文化上，完美呈现了古埃及、古希腊、古罗马的文明精华；在景观上，亚得里亚海、爱琴海的破碎地形则造就了千百座迷人岛屿。邮轮在诸岛之间穿梭航行，阳光、碧海、蓝天、岛屿、神话和古文明串联出这段航程的独特魅力。

东地中海地区的邮轮行程通常在一周左右，意大利威尼斯（Venice）、希腊奥林匹亚（Olympia）、希腊雅典（Athens）、土耳其伊斯坦布尔（Istanbul）、以色列的耶路撒冷（Jerusalem）都是邮轮航线上的重要停靠点。

（1）威尼斯。意大利威尼斯始建于公元 5 世纪，素有“水上都市”的美誉，是世界上最美丽的城市之一。游客坐在龚杜拉小舟或游艇之上徜徉于城中蜿蜒的水巷之中，可尽情享受美丽水乡风情之下的艺术气息。

（2）伊斯坦布尔。伊斯坦布尔是土耳其最大的港口城市和游览胜地，有“城上之城”和“世界最美城市”之称。伊斯坦布尔作为连通欧亚大陆的交通要塞，每一寸土地都带有古希腊、古罗马、拜占庭帝国的历史痕迹，东西方文明在此完美交汇。

（3）雅典。雅典是希腊的首都，也是著名的文化圣地。游客在雅典游览的著名景点是卫城和国家考古博物馆，一个是雅典荣耀神祇的圣地，一个是收藏希腊古文明的宝库，都象征了雅典不朽的精神。

经典邮轮赏析

船名：“MSC 神曲”号（见图 7-5）

船东：地中海邮轮

吨位：139 400 吨

载客量：3 502 人

员工：1 370 人

首航时间：2012 年 5 月

“MSC 神曲”号（MSC Diniva）邮轮是 MSC 地中海邮轮船队的新星。全新的设计将 MSC 幻想曲级别的邮轮提升到一个全新境界。从船上的真石广场，到百老汇标准的剧院；从施华洛世奇水晶制成的楼梯，到平静的超大泳池无缝扩展到大海和远方的地平线，这座海上浮动城市带领游客探索地中海旅游度假胜地，感受到无与伦比的独特魅力。其经典航线是意大利—希腊—土耳其—克罗地亚的7晚行程与意大利—蒙特内哥罗—希腊—土耳其—马耳他的11晚旅程。

图7-5 “MSC神曲”号邮轮

2. 西地中海航线

西地中海地区以优雅入时的专卖店、展品丰富的美术馆、上好的葡萄酒、美味的菜肴等精致的生活方式闻名于世，主要的邮轮旅游航线可以从亚得里亚海（Adriatic Sea）航行至直布罗陀海峡（Straits of Gibraltar），停靠意大利那不勒斯（Naples）、热那亚（Genoa）、法国戛纳（Cannes）、西班牙的巴塞罗那（Barcelona）等著名港口城市。

（1）法国戛纳。戛纳这座位于法国东南部的小城，不仅是欧洲有名的旅游胜地和国际名流社交集会场所，也是戛纳电影节的举办圣地。戛纳拥有洁白漂亮的海滩，海水蔚蓝，棕榈葱翠，气候温和，既是过冬胜地，也是避暑天堂。

（2）巴塞罗那。巴塞罗那是西地中海地区出色的大都会，也是深受游客欢迎的登船港口。这里气候宜人、风光旖旎、古迹遍布，素有“伊比利亚半岛的明珠”和“地中海曼哈顿”之称。带有哥特风格的古老建筑与现代化的高楼大厦交相辉映，共同构成了巴塞罗那令人迷醉的天际线。

做一做

搜集东地中海地区、西地中海地区的邮轮旅游航线，分析其分别具有什么样的邮轮旅游资源特色以及航线特色？

（二）北欧地区

乘坐豪华邮轮在北欧航游，不仅可以走访北欧（Northern Europe）各国的深度旅游景点，还有机会踏访北极冰川，与电影中的野生动物做零距离接触。每年的6月至9月是北欧邮轮旅游的最佳季节，航线可以到达爱尔兰、挪威、丹麦、冰岛、格陵兰等地。虽然适航时间较短，但这里的港口却很受游客欢迎。

1. 哥本哈根

丹麦首都哥本哈根（Copenhagen）位于丹麦西兰岛东部，是丹麦政治、经济、文化中心，也是全国最大城市和著名的古城。哥本哈根虽然面积较小，但市民却热情好客，2004年，被世界旅游大奖评选为“欧洲首选邮轮目的地”。

2. 斯德哥尔摩

斯德哥尔摩（Stockholm）是瑞典首都，位于瑞典东海岸，濒临波罗的海，是著名旅游胜地。市区分布在14座岛屿和一个半岛上，因此享有“北方威尼斯”的美誉。

3. 圣彼得堡

圣彼得堡（St. Petersburg）位于俄罗斯西北部、波罗的海沿岸，是世界上少有的具有白夜的城市。圣彼得堡是名副其实的桥梁博物馆，除铁路公路桥外，三百多座桥梁将这座水城连成一片，城内的俄罗斯古建筑群也享有盛誉。

（三）欧洲大西洋沿岸

欧洲大西洋（Atlantic Europe）沿岸是一片繁荣而又成熟的地区，伦敦、巴黎这样的国际大都会点缀其中，无论是艺术、音乐和文学，还是赛车、马术和足球，都让该地区对邮轮游客拥有足够的吸引力。大西洋沿岸港口的邮轮旅游航线通常途经葡萄牙、西班牙、法国、爱尔兰和英国。虽然一些邮轮线路全年都有，但夏季才是真正的邮轮旅游旺季。

1. 巴黎

巴黎（Paris）是法国的首都，也是法国的政治、经济和文化中心。巴黎是一座无与伦比的城市，即便是一条不经意路过的小街，那种复古、典雅、幽静都随处可见。塞纳河蜿蜒曲折，如诗似画，充满浪漫色彩，河堤两岸绿树成荫，游客在绿阴下散步，或在岸边休憩，在夜晚的凉爽中充分感受闲适与浪漫。

2. 南安普顿

南安普顿（Southampton）是一座欣欣向荣、现代感十足的城市。作为英格兰南部最大的港口城市，南安普顿自古以来一直起着重要的交通枢纽作用。西部港口一片繁忙景象，并逐步演变成城中购物集中地。南安普顿城中保存有中世纪时建造的城墙，带有悲情色彩的“泰坦尼克”号的起航，使人们对这里多了一份缅怀之情。

历史上看，英国是邮轮的发源地，经典的横跨大西洋航线（Transatlantic）至今仍然存在。随着加勒比海、地中海地区短途邮轮航线的日益兴盛，已经很少有邮轮公司再去经营跨洋航线，但在每年的春秋季节邮轮公司的邮轮进行转场航行时，也会提供这类航线销售。

想一想 为什么邮轮公司的邮轮转场航行时会提供跨洋航线或跨区域航线？

五、非洲邮轮旅游区域

非洲（Africa）除了拥有异域野生动物、连绵起伏的草原以及浩瀚无边的沙漠，还拥有灿烂的文化和美丽的海滩。很多邮轮游客不仅希望在港口城市参观，更希望能够深入非洲腹地游览，因此，大部分邮轮公司都会在非洲推出包价邮轮旅游产品，并且为游客安排游览野生动物园项目。非洲地区邮轮航线沿途停靠地包括蒙巴萨岛（Mombasa）、塞舌尔群岛（Seychelles）、开普敦（Cape Town）、肯尼亚（Kenya）以及埃及（Egypt）等地。

（一）蒙巴萨岛

蒙巴萨位于肯尼亚的东南部，是肯尼亚最大的港口城市，也是第二大城市。蒙巴萨港有完善的现代化设备，同时还是富饶的旅游胜地。作为东非最古老的城市之一，蒙巴萨港在公元前 500 年就与埃及有航海来往，受到阿拉伯、印度、葡萄牙、英国各种文化影响，形成具有独特气氛的港口。

（二）塞舌尔群岛

塞舌尔群岛由 92 个岛屿组成，气候温暖，没有冬天，每一个小岛都有自己的特点。阿尔达布拉岛是著名的龟岛，岛上生活着数以万计的大海龟；弗雷加特岛是“昆虫的世界”；孔森岛是“鸟雀天堂”；伊格小岛盛产各种色彩斑斓的贝壳。

（三）开普敦

开普敦是南非第二大城市，以其美丽的自然景观和码头闻名于世，知名的地标有被誉为“上帝的餐桌”的桌山、印度洋和大西洋的交汇点——好望角等。开普敦被称为世界最美丽的城市之一，是南非著名的旅游胜地和邮轮旅游目的地。

六、亚太地区邮轮旅游区域

（一）夏威夷

位于太平洋地区的夏威夷（Hawaii）群岛一直是备受全球游客青睐的理想目的地。夏威夷群岛由 8 个大岛和 20 多个小岛组成，气候温和宜人，拥有得天独厚的美丽环境，风光明媚，海滩迷人。很多邮轮公司将夏威夷群岛作为永久的邮轮旅游基地，全年提供夏威夷环岛邮轮旅游；还有一些邮轮公司开通从美国西海岸到夏威夷的邮轮航线，从洛杉矶乘坐邮轮抵达夏威夷大约需要 3 至 4 天的时间。

经典邮轮赏析

船名：“美国之傲”号（见图 7-6）

船东：挪威邮轮

吨位：81 000 吨

船籍：美国

首航时间：2005 年

图 7-6 “美国之傲”号邮轮

“美国之傲”号（Pride Of America）邮轮是挪威邮轮旗下唯一一艘在美国本土注册的邮轮。邮轮船身是星条旗图案，舱内空间装潢以美国景点为主题，是对美国多元化特色的独特献礼。“美国之傲”号充满活力，它崇尚自由式餐饮服务，从简单的汉堡、薯条到法式大餐、意大利美食，为游客提供丰富的选择。“美国之傲”号邮轮常年为游客提供夏威夷群岛环岛之旅。

（二）大洋洲

大洋洲（Australia）是一片广袤辽阔的大陆。每年的 11 月到次年的 4 月，南半球的气候会格外的宜人，很多邮轮公司会在此时开辟更多的大洋洲邮轮旅游线路，帮助游客踏上澳大利亚与新西兰之旅，欣赏悉尼的景色，游览华美的大堡礁，领略令人心旷神怡的美景。图 7-7 为歌诗达邮轮停靠悉尼。

图 7-7　歌诗达邮轮停靠悉尼

1. 悉尼

悉尼（Sydney）是澳大利亚最大的港口城市。欣赏悉尼的最佳视点之一是游弋于悉尼港的碧水中向两岸眺望。悉尼港的环形码头是渡船和邮轮的停靠地，也是最繁华的游客集散中心。

2. 凯恩斯

凯恩斯（Cairns）位于澳大利亚昆士兰省，是前往世界奇观大堡礁的必经之门。大堡礁由 3 000 个不同阶段的珊瑚礁、珊瑚岛、沙洲和泻湖组成。随着潮涨潮落，礁体沉入海底或浮出水面，变幻万千。凯恩斯的热带雨林中有 200 多种鸟类、澳大利亚 60%以上的蝴蝶品种和存在了 1.5 亿万年的活化石级的羊齿科植物。这里还有篝火、啤酒、烧烤、民歌等活动，各种特色手工艺品和美食让人流连忘返。

（三）亚洲

对于很多欧美客人来说，遥远的亚洲（Asia）绝对是充满异域风情的邮轮旅游目的地。非凡绝妙的自然景观和丰富的历史文化遗产，使得亚洲的邮轮旅游正展现出勃勃生机。目前，亚洲邮轮航线普遍以短程为主，绝大多数航程历时 24 小时到一周不等。亚洲邮轮旅游航线中较为成熟的是东南亚航线、中日韩航线以及阿拉伯湾航线。

1. 东南亚航线

东南亚旅游资源丰富，越南的金兰湾、马来西亚的槟榔屿、新加坡的圣淘沙、印度尼西亚的巴厘岛，都是著名的旅游胜地。东南亚发展邮轮旅游具有得天独厚的自然条件，豪华邮轮在印度尼西亚、马来西亚、菲律宾和新加坡的众多岛屿中往来穿梭，带领游客领略独特的东南亚风情。

（1）泰国普吉岛（Phuket）。普吉岛是泰国最大的岛屿，印度洋安达曼海上的一颗明珠，它的魅力来源于美丽的大海、令人神往的海滩，堪称东南亚最具代表性的海岛旅游度假胜地。奈阳海滩是普吉岛上最长的海滩，共有 10 公里长的海岸线以及 1.5 公里长的珊瑚礁，是普吉岛最大的海龟产卵地。

（2）印度尼西亚巴厘岛（Bali）。巴厘岛在印尼有“千寺之岛”、“艺术之岛”之称，岛上居民绝大多数信仰宗教，主要供奉三大天神和佛教的释迦牟尼，还祭拜太阳神、水神、火神、风神等。岛上庙宇、神龛、横梁、石基上，随处可见神像、飞禽走兽、奇花异草等浮雕。

（3）马来西亚槟榔屿（Penang）。槟榔屿位于马六甲海峡北口东岸，是马來西亚著名的旅游胜地，素有“东方花园”或“小亚洲”盛名。槟榔屿发展旅游业已有 100 多年，岛上建有很多公园和花圃，绿草如茵，鲜花盛开，另有许多庙宇、教堂和别墅。

2. 中日韩航线

中日韩邮轮旅游有多种可供选择的航线，邮轮穿梭于中国、日本、韩国的多个港口之间，旅游的旺季是每年的 3 月至 10 月。

（1）韩国济州岛（Jeju Island）。济州岛是韩国第一大岛，位于朝鲜半岛的南端，是理想的旅游和垂钓胜地。在这里可以观赏名胜古迹，欣赏自然景观，还可以登山、骑马、兜风、狩猎、冲浪和打高尔夫等。

（2）日本福冈（Fukuoka）。福冈是日本九州地区的交通、信息、娱乐中心，无论是作为连接县外的交通枢纽博多站，还是作为市内第一闹市的天神，每天都是熙来攘往、热闹非常。历史悠久的古迹、草木葱翠的公园、为数众多的游乐景点以及接连落成开张的购物中心，使福冈成为一座充满活力的城市。

3. 阿拉伯湾航线

随着国际邮轮公司的全球扩张，豪华邮轮开始驶入阿拉伯这方神秘的国度，拓展新兴邮轮旅游市场。无论是未来之城迪拜（Dubai）卓尔不凡的国际化气息、阿布扎比（Abu Dhabi）海天一色的绚丽风景，还是富查伊拉（Fujairah）的阿联酋多元文化，都吸引着越来越多的游客乘坐邮轮，去领略像阿拉伯传说一样无穷无尽的中东魅力和海湾传奇。邮轮航线一般为期一周左右，从阿联酋迪拜出发，沿途停靠阿曼首都马斯喀特（Muscat）、阿联酋首都阿布扎比以及岛国巴林（Bahrain）等地。

（1）迪拜。迪拜是阿拉伯联合酋长国的最大城市，也是中东地区的经济和金融中心。迪拜拥有世界第一家七星级酒店、全球最大的购物中心、世界最大的室内滑雪场。其源源不断的石油和重要的贸易港口地位，为它带来巨大财富，使迪拜几乎成为奢华的代名词。近年来，迪拜开始将视线转向奢华邮轮旅游。

（2）巴林。巴林景色秀丽、四季如春，天然的涌泉散布岛内各处，神赐之水与灿烂的阿拉伯阳光所孕育的天然椰林点缀各地，素有“海湾明珠”之称。巴林如今已成为中东地区的金融与航运中心。

> **做一做**
>
> 以小组为单位，分析亚洲地区邮轮旅游资源的分布情况，为某一豪华邮轮设计一条从中国港口出发的亚洲邮轮航线，并选派代表在课堂上进行航线的推介展示。

子模块二　现代邮轮港口城市

学习与训练子目标

- 掌握邮轮母港的定义与发展条件
- 熟悉世界著名邮轮母港城市发展状况
- 了解中国邮轮港口城市的发展现状

在全球邮轮旅游航线较为密集的区域，一些城市由于自然环境优美、人文底蕴深厚、经济条件优越等原因而使当地的邮轮旅游业发展迅速，成为别具特色的邮轮港口城市。而邮轮旅游在当地的繁盛发展，又对该城市经济的发展起到了积极的推动和促进作用。

一、邮轮港口与邮轮母港

（一）港口与码头

1. 港口（Port）

港口是指位于海洋、江河、湖泊沿岸，具有一定设备和条件，为舰船停泊、避风、维修、补给和转换客货运输方式的场所。

最原始的港口是天然港口，有天然掩护的海湾、水湾、河口等场所供船舶停泊。随着商业和航运业的发展，天然港口已不能满足经济发展的需要，须兴建具有码头、防波堤和装卸机具设备的人工港口，这是港口建设的开端。19 世纪初，出现了以蒸汽机为动力的船舶，船舶的吨位、尺度和吃水日益增大，现代港口建设开始发展起来。

一般而言，港口可以分为基本港（Base Port）与非基本港（Non-Base Port）两种类型。其中，基本港是指班轮公司的船舶定期挂靠的港口，大多数为位于中心的较大口岸，港口设备条件比较好，货载多而稳定。反之皆为非基本港。

2. 码头（Wharf）

码头是指供船舶停靠并装卸货物和上下旅客的建筑物，广义还包括与之配套的仓库、堆场、道路、铁路和其他设施。

传统意义上的码头，通常是一条由岸边伸往水中的长堤，也可能只是一排由岸上伸入水中的楼梯。人类利用码头，作为渡轮泊岸上落乘客及货物之用，其次还可能是吸引游人以及约会集合的地标。

按照码头的用途，可以分为客运码头、货运码头、集装箱码头等多种类型。

邮轮码头是客运码头的一种，可供大型邮轮停泊以及游客、行李、货物装载，多数会附有完善的配套设施。邮轮码头通常是跨境运输，所以，设有海关、出入境柜位以及卫生检疫办事处、行李处理区、票务处、旅游车停泊区以及上落客区等。由于邮轮体积和排水量大，邮轮码头需要建在水深港阔的地方。

从码头结构上讲，邮轮码头与通常的货运码头并无不同。事实上，有一些港口的邮轮也临时停靠货运码头，利用邮轮自带的栈桥作为旅客上下船通道。大多数邮轮码头没有指定由何公司使用。在欧洲一些港口城市，邮轮码头与货运码头在同一港区并存的现象非常普遍，这既可以方便邮轮在泊位紧张时候挂靠货运码头，也可以实现客货在同一港区的和谐发展，还可以让游客感受货运港区的非凡魅力。但近些年来，随着邮轮游客增多和码头货运装卸业务的繁忙，邮轮公司逐渐将客运码头和货运码头分开管理，这主要是基于快速通关、安检、游客上下船、岸上旅游组织等要求而考虑实施的。

做一做

在你学习和生活的地区有港口与码头吗？请结成小组实地考察港口客货运码头情况并对其特点进行分析。

（二）邮轮母港的定义与效益

邮轮港口城市如同明珠一般，闪烁在各条邮轮旅游线路上。尽管全世界停靠过豪华邮轮的港口众多，但真正能称之为邮轮母港的港口却并不多。

1. 邮轮港口的分类

按照码头是否有专用设施、固定航线以及游客流量大小和是否设有公司总部，通常将邮轮港口分为一般停靠港、邮轮基本港和邮轮母港三种类型。

（1）一般停靠港。一般停靠港是指能够停泊邮轮但并未设专用泊位及相关码头设施的港口，通常只供邮轮临时或短时间停留。

（2）邮轮基本港。邮轮基本港是指有邮轮定期停泊和挂靠，拥有邮轮专用的泊位和配套设施，然而并未形成邮轮规模效应的港口。邮轮基本港一般为中途挂靠港。

（3）邮轮母港。邮轮母港是邮轮出发和返程并进行后勤补充和维修的固定地点，也是游客的集散地，不仅拥有包括定期和不定期停泊大型邮轮的码头，还具备配套设施齐全、相关产业发达、旅游资源丰富的城市及其周边区域。

按照服务辐射范围大小，邮轮母港又分为国际性邮轮母港和区域性邮轮母港。前者既有跨洋跨洲航线，又有近海航线，后者以近海航线为主。

想一想

邮轮基本港和邮轮母港有哪些不同？

2. 邮轮母港的经济效益

建设邮轮母港是港口城市的重要经济增长极。邮轮母港的经济效益是挂靠港的 10 倍至 14 倍，这对所在区域的经济形成了强大的推动力。若港口城市被定位为邮轮母港，该区域就会受到邮轮经济的较大影响，主要表现为以下几个方面。

（1）刺激本地消费。邮轮母港经济给城市带来的是全方位的消费结构升级。每艘邮轮的抵达，将带来数以千计的邮轮乘客在港口城市旅游消费，还包括邮轮在港口城市添加补给、油料、淡水与处置废品、接受港口服务、邮轮的维护与修理等。

（2）赚取外汇收入。邮轮公司是国际企业，邮轮游客是国际旅客，邮轮公司和邮轮游客在母港的消费与支出，可以为港口城市带来可观的外汇收入。

（3）促进港口城市就业。邮轮公司需要在母港城市设置规模较大的地区总部，并招聘一定比例的船务人员，为母港城市直接提供了一定的就业岗位。

（4）提升港口服务管理水平。邮轮对港口服务以及专任人才素养要求很高，邮轮的抵达与离开，能促进港口码头的航运服务与管理水平的提升。

（5）提升港口城市国际形象。纵览发达国家的港口都市，无不拥有邮轮母港，比如，美国的纽约、迈阿密、西雅图，英国的伦敦，西班牙的巴塞罗那，都是著名的邮轮母港城市。

（三）邮轮母港的发展条件

邮轮码头发展与邮轮航线密不可分，母港是邮轮航线的起讫点，挂靠港只是邮轮航线的途经点。母港需要具备游客集散、加载燃油、补充物资和邮轮养护维修等基本功能，这也就说并不是每个港口都具备建设母港的条件。具体来说，邮轮母港发展的基本条件包括地理位置、港口设施、交通运输、旅游资源、商业服务、物资供应、金融保险等因素。

1. 地理位置

邮轮母港的选址与邮轮航线密切相关，而邮轮航线的规划则取决于旅游资源的丰裕程度以及是否容易被邮轮公司开发成为邮轮旅游热点。比如，以地中海为中心的欧洲各国普遍崇尚航海文明，且具有大量的自然和人文旅游资源，因此，沿线分布着很多邮轮港口，其中不乏巴塞罗那等著名邮轮母港，其选址既继承了欧洲城市港口发展的传统，又体现了现代文明对城市发展的影响。

2. 港口设施

对于邮轮母港而言，必须设有专用的泊位、上下船通道、候船厅和停车场。邮轮码头的建设需要注重实用性和便捷性，候船厅、商业设施和辅助设施建筑应该精致、紧凑，重在突出码头组织邮轮游客快速上下船的功能。邮轮码头的清关速度快慢直接影响邮轮的靠泊以及邮轮公司是否选择在该港开设邮轮航线的可能性。

3. 交通运输

交通网络的建设在邮轮母港建设中至关重要。安全、便利、快捷、舒适是邮轮旅游者对旅游交通的基本要求。凡是邮轮产业发展较快的地方，都有比较便利的交通运输条件。在邮轮码头构成的交通枢纽中，只有各个子系统相互配套组合，才能发挥应有的作用，最终实现邮轮与城市的无缝衔接。

4. 旅游资源

邮轮旅游业对港口城市提供的旅游服务有很高的要求。旅游资源是否丰富、景区分布是否合理、景点是否密集、与周边城市及周边国家联系是否紧密等都是制约一个港口成为邮轮母港的重要因素。

5. 商业服务

邮轮游客到港消费，很重要的内容是餐饮、零售和配套服务，因此邮轮母港对服务业的要求非常高，商业设施的发展规模也普遍较大，意在吸引游客上岸消费。事实上，如确定在邮轮码头周边发展大型商业设施，目标市场定位可以是吸引周边居民到此购买，而不仅仅是邮轮游客。

6. 物资供应

物资供应包括邮轮自身的补给与维修、油料添加、生活必需品采购、淡水添置等。作为专业接待和服务邮轮的母港，应该满足邮轮在港口集散游客、加载燃油、补充各类物资和提供邮轮养护维修等需求。

7. 金融保险

金融保险业对邮轮产业的发展至关重要。纵观世界各大邮轮产业地区，无不具有发达的金融保险业作为其坚实的经济后盾，并使之形成具有国际标准的服务体系，更好地满足邮轮业的发展需求。

想一想 除此之外，邮轮母港的建设和发展还需要具备哪些条件？

二、邮轮母港城市建设

（一）世界著名邮轮母港城市

1. 纽约

纽约（New York）是美国最大城市和金融中心，有着快节奏的生活方式和无与伦比的艺术文化。闻名于世的华尔街、文化艺术中心百老汇以及自由女神像都把纽约的特征彰显得栩栩如生。

纽约港是美国最大的海港，也是世界上最大的天然深水港之一，位于纽约州东南的哈得孙河口，濒临大西洋。纽约地处全美国人口最密集、工商业最发达的大西洋东北岸，又临近全球最繁忙的大西洋航线，使得纽约港很快成为美国最重要的产品集散地，也因此奠定了其作为全球重要航运交通枢纽及欧美交通中心的地位。

如今，邮轮旅游已经成为纽约人标志性的休闲活动。客运码头与旅游岸线主要集中在曼哈顿岛闹市区附近。每天都有许多家庭驾车来到邮轮码头，游玩以后再直接开车回家。因此，纽约邮轮码头最为突出的特点就是停车位占据了码头的大部分空间。

2. 迈阿密

迈阿密（Miami）位于美国佛罗里达州东南角比斯坎湾、佛罗里达大沼泽地和大西洋之间，是南佛罗里达州都市圈中最大的城市，与北美洲、南美洲、中美洲以及加勒比海地区在文化和语言上关系密切，因此有时还被称为“美洲的首都”。迈阿密因其良好的空气质量、大量的植被覆盖、清洁的饮用水、干净的街道和全市范围的垃圾回收计划曾被《福布斯》评为“美国最干净的城市”。此外，迈阿密还享有“世界邮轮之都”的美誉。

迈阿密拥有12个超级邮轮码头大厦，可同时停泊20艘邮轮。美国嘉年华邮轮公司、皇家加勒比海公司、挪威邮轮公司等均在迈阿密设立总部。迈阿密很早就开始与邮轮公司合作建设新码头，两座邮轮客运枢纽站拥有世界上最先进的管理设施系统，舒适的休息大厅、多个商务会议大厅、全封闭并加装中央空调的游客上船通道，以及完善的订票系统、安全系统、登轮查验系统和行李管理操作系统等，为游客出行提供近乎完美的服务。

迈阿密邮轮母港拥有天然的海边浴场，舒适宜人，距邮轮出入口仅 10 分钟路程。迈阿密邮轮码头位于市中心海滩的黄金地段，距机场仅有15分钟车程，离市中心最近的大型购物、宾馆、餐饮区仅有几分钟车程。

3. 巴塞罗那

巴塞罗那（Barcelona）是西班牙第二大城市，位于西班牙东北部地中海沿岸，依山傍水，地势雄伟，是享誉世界的地中海风光旅游目的地和世界著名的历史文化名城。巴塞罗那是一座美丽的城市，市内罗马城墙遗址、中世纪的古老宫殿与现代建筑交相辉映，不少街道仍然保留着石砖铺砌的古老路面。

根据皇家国际邮轮杂志的统计资料，巴塞罗那港是欧洲第一、世界第四大邮轮目的地港。作为国际邮轮公司的理想基地，巴塞罗那港拥有7个邮轮码头，设施设备完善，每年接待大量游客。这些邮轮码头地处市中心，游客乘坐公交车或出租车进出都十分方便。2001年，有544艘邮轮到达巴塞罗那，带入350万人次国际客流量。由于可以通达地中海各国，附近的旅游资源为其综合利用，其宾馆、餐饮、交通的便利均在地中海各城市中领先，邮轮旅游的客流量长年不断。

4. 伦敦

伦敦（London）是英国的首都、第一大城以及第一大港，也是欧洲最大的都会区之一。从1801年到20世纪初，作为世界性帝国——大英帝国的首都，伦敦因其在政治、经济、金融、人文、娱乐、科技发明等领域上的卓越成就，成为全世界最大的都市之一。伦敦亦是世界闻名的旅游胜地，拥有数量众多的名胜景点与博物馆等。

伦敦港是英国最大的港口。它的港区沿泰晤士河下游的南北两岸，从河口开始向上延伸越过伦敦桥，直至特丁顿码头，长达80英里，水域面积达207万平方米。大量封闭式港池群是伦敦港的一大特色，沿河两岸有许多船坞、油码头以及修船坞。伴随着大英帝国的强盛，16世纪伦敦港海运昌盛，18世纪已发展成为世界大港之一，19世纪成为全国贸易和金融中心，而且是世界航运中心，集中了世界各地的船舶和船公司的代表机构。20世纪60年代以后，伦敦港的建设得到更加迅速的发展。

5. 新加坡

新加坡（Singapore）是东南亚的热带岛国，素有“花园城市”的美称，是亚洲最重要的金融、服务和航运中心之一。新加坡港位于新加坡岛南部沿海，西邻马六甲海峡的东南侧，南邻新加坡海峡的北侧，自然条件优越，港口设备完善。作为世界上最繁忙的港口之一，新加坡港拥有“世界上利用率最高的港口”的美称。

20 世纪 80 年代初，新加坡港只是欧美邮轮的停靠港。1989 年，新加坡旅游局成立了邮轮发展署。1991 年投资 5 000 万新币修建邮轮码头，到新加坡的游客数从 1990 年的 6 万多人增加到 1998 年的 100 多万人，平均年增长率超过 60%。1998 年，又由政府投资 2 300 万新币重建了码头，建成了可以同时停泊 8 艘邮轮的深水码头。2001 年，有 1 200 多艘国际邮轮抵达新加坡码头，旅游业收益成为国家财政主要来源。如今，每年到新加坡港的邮轮游客超过 150 万人，使新加坡港成为亚洲—南太平洋地区最大的邮轮港。

想一想

纽约、迈阿密、巴塞罗那、伦敦、新加坡等国际邮轮母港的建设对我国建设一流的邮轮母港有哪些重要启示？

（二）中国邮轮母港城市建设

自改革开放以来，中国陆续有十多个城市接待过国际豪华邮轮。到目前为止，已逐步形成了以上海、厦门、三亚、天津等多个港口城市开设邮轮母港航线的全面发展局面。

1. 上海

上海是中国内地发展邮轮产业最快的地区，也是对邮轮产业最为敏感、潜力最大的城市。2003 年，上海首次提出邮轮母港发展规划，在全国起到示范作用。2006 年 7 月，“歌诗达爱兰歌娜”号邮轮的上海首航，成为启动上海发展“邮轮经济”的开端。

2009 年，位于上海北外滩的上海港国际客运中心正式启用，码头岸线全长近 1 200 米，可同时停泊 3 艘 7 万吨级的豪华邮轮。客运中心内部镶嵌一块约 9 万平方米的开放式滨江绿地，出入境综合楼外形呈“水滴”状，俗称“一滴水”，已成为上海新的地标性建筑。

2010 年，被誉为“东方之睛”的吴淞口国际邮轮港建成并投入使用。吴淞口国际邮轮港位于上海吴淞口长江岸线的炮台湾水域，即长江、黄浦江交汇入海的地方，也是长三角城市群和水上交通枢纽。这里具有天然的水深优势、独特的自然和人文资源、完善的市政服务配套设施，可同时停靠 3 艘 10 万至 15 万吨级的大型邮轮。

2. 厦门

厦门在 20 世纪 80 年代就开始接待国际豪华邮轮，是中国最早接待国际邮轮的港口之一，年接待游客人数连续多年位居全国第一位。如今，厦门完善的旅游产业、便捷的通关服务、优良的深水港湾、完整的邮轮游艇产业链，已使当年的海滨小城初步成长为现代化的邮轮母港城市和旅游城市。

厦门港国际邮轮中心包括客运码头和联检大楼两大部分，西海域北段建设大型国际邮轮泊位，可停靠 14 万总吨的大型邮轮，南段岸线设有小型客轮码头及港口作业船舶码头。联检大楼总建筑面积约为 8.1 万平方米，一层为停车场、行李处理间、设备用房区及配套商业区，二层为旅客出入境联检大厅，三层为旅客休息、等候而配套设置的休闲餐饮区。

除了国际邮轮客运码头外，地域优势明显的厦门还具有游艇、帆船产业的天然港湾。目前，厦门正充分发挥这一优势，着手进行游艇、帆船港等建设工作，以形成多层次的海上旅游休闲产业。

3. 三亚

三亚位于海南省的最南端，是我国最南部的滨海旅游城市，有海水、沙滩、阳光、气候、动物、植物、岩洞、温泉、森林等度假休闲要素，被联合国誉为“世界最适合人类居住的城市”。无论是区位条件和港湾资源，还是旅游政策扶持和接待优势，三亚都有发展邮轮旅游产业的优越环境和自然条件，因此有着“东方迈阿密”之称。

三亚凤凰岛国际邮轮港目前已投入使用一座8万吨级的邮轮码头，于2006年11月9日通航，截止到2011年底，国际邮轮靠港近300航次。2011年11月，丽星邮轮“宝瓶星”号在三亚开通至越南的航线，三亚凤凰岛邮轮港全面进入“母港时代”，正在筹建的邮轮港二期工程，计划兴建5个邮轮码头，分别是8千吨、10万吨、15万吨、15万吨和22.5万吨。届时，三亚凤凰岛国际邮轮港将成为中国首个休闲度假功能配套完整的综合性港区、国内最现代化的国际专用港、亚洲最大的国际邮轮港，对海南乃至中国的邮轮经济产生强力的拉动作用。

经典邮轮赏析

船名：“宝瓶星”号（见图7-8）

船东：丽星邮轮

吨位：51 039吨

船长：229.84米

船宽：28.5米

载客量：1 529人

客舱数：765间

图7-8 “宝瓶星”号邮轮

“宝瓶星”号（SuperStar Aquarius）邮轮于1993年在法国建造，是丽星邮轮品牌旗下的经典船只。船上各种烹调美食、国际娱乐节目、星辰酒廊、卡拉OK厅、夜总会、免税店、健身中心、SPA、图书馆、网吧等休闲娱乐活动应有尽有，堪称一艘移动的“海上宫殿”。2011年11月，“宝瓶星”号开通了从海南三亚出发至越南岘港及下龙湾的航次，成为第一艘以三亚为母港的国际豪华邮轮。

4. 天津

天津是首都北京的重要门户，素有“渤海明珠”的美称，被誉为“中国经济第三增长极”。随着滨海新区的开发开放及腹地外向型经济的快速发展，天津在国际上的知名度不断提高，来津游客日益增多，发展邮轮旅游有着巨大的潜力。作为中国北方最大的经济中心和港口城市，天津有着得天独厚的区位优势，不仅地处环渤海经济圈中心，同时又居东北亚中心城市位置。天津所处的环渤海地区旅游资源丰富，潜在客源市场规模较大。

天津国际邮轮母港位于天津港东疆港区南端，与我国目前最大保税港区之一——东疆保税港区毗邻，于2010年6月26日正式开港。天津港国际邮轮母港建有两个邮轮泊位，可同时停泊两艘大型邮轮。客运大厦占地面积5.9万平方米，具备完善的接船、候船、停车、安检、购物、休闲和娱乐设施，可同时为4 000人提供服务，年设计旅客通过能力达50万人次。建成后的天津邮轮母港，如图7-9所示，成为继上海、厦门、三亚3个国际邮轮中心后，国内的第四个国际邮轮母港中心。

图7-9 天津国际邮轮母港

5. 香港

香港是我国的特别行政区之一，也是独具风格的亚洲“邮轮之都”。东西方文化在此交融，焕发出来的活力显示着香港始终站在不断变化的世界前沿。

香港现有的邮轮码头是位于维多利亚湾的海运大厦（Ocean Terminal）。邮轮泊位长达380米，可以同时停泊两艘大型邮轮或者四艘小型邮轮。海运大厦于1966年3月开幕，不少著名邮轮曾在海运大厦停泊，访港的外国军舰亦多停靠海运大厦。

2006年10月，香港特区政府宣布将1998年关闭的启德机场发展为新的邮轮码头。启德邮轮码头（Kai Tak Cruise Terminal）大楼占地7.6公顷，建筑面积逾14万平方米。

除了出入境大厅，邮轮码头大楼亦提供面积达 5 600 平方米的商业区，不仅供邮轮游客使用，还可以成为市民休闲购物的好去处。启德邮轮码头由香港政府出资设计并建造，码头设有两个邮轮靠岸泊位，建成后码头租予营运商以收取租金，但政府保留土地所有权。

想一想

除了香港、上海、厦门、三亚、天津之外，中国还有哪些港口城市具备发展邮轮母港的条件？讨论中国未来邮轮母港及航线布局情况将会怎样？

思考与训练

一、单项选择

1. 北美地区邮轮旅游活动区域不包括________。

A. 阿拉斯加　　B. 东加勒比海　　C. 东地中海　　D. 墨西哥太平洋海岸

2. 能够短时间停泊邮轮，但并未设专用泊位及相关设施的码头是________。

A. 邮轮客运港　　B. 一般停靠港　　C. 邮轮基本港　　D. 邮轮母港

3. 被誉为“东方之睛”的国际邮轮客运中心是________。

A. 天津港国际邮轮客运中心　　B. 上海港国际邮轮客运中心

C. 上海吴淞口国际邮轮港　　D. 厦门海峡国际邮轮中心

4. 被誉为“世界邮轮之都”的城市是________。

A. 纽约　　B. 迈阿密　　C. 新加坡　　D. 巴塞罗那

5. 关于世界邮轮旅游活动区域特点，以下说法错误的是________。

A. 阿拉斯加的邮轮旅游旺季是在每年夏季

B. 一些邮轮公司会提供环夏威夷群岛邮轮航线

C. 中美洲邮轮旅游航线通常以 3～5 天的短线为主

D. 邮轮公司会在邮轮转场航行时提供跨区域邮轮旅游航线

二、问题简答

1. 简述中南美洲邮轮旅游航线分布情况？

2. 简述欧洲地区邮轮旅游航线分布情况？

3. 什么是邮轮母港？邮轮母港的发展条件有哪些？

4. 简述我国邮轮母港城市建设情况？

三、技能训练

1. 熟悉世界邮轮旅游区域景点特色，并以小组为单位进行邮轮旅游地理知识竞赛。

2. 以小组为单位，选取某一邮轮港口城市，对其建设国际邮轮母港城市的优势和劣势进行分析，并提出相应的发展建议。

拓展阅读

国际邮轮城市指南

African (Southern) 非洲（南部）

Cairo 开罗
Mombasa 蒙巴萨岛
Tunis 突尼斯
Cape Town 开普敦
Seychelles 塞舌尔群岛
Zanzibar 桑给巴尔岛
Casablanca 卡萨布兰卡
Tangier 丹吉尔

Alaska 阿拉斯加州

Anchorage 安克雷奇
Seward 西华德
Valdez 瓦尔迪兹
Juneau 朱诺
Sitka 锡特卡
Ketchikan 凯奇坎
Skagway 史凯威

Australia/New Zealand 澳大利亚/新西兰

Sydney 悉尼
Brisbane 布里斯班
Hobart 霍巴特
Wellington 惠灵顿
Cairns 凯恩斯
Melbourne 墨尔本
Adelaide 阿德莱德
Christchurch 克赖斯特彻奇
Perth 珀斯
Auckland 奥克兰
Christmas Island 圣诞岛
Tauranga 陶兰加
Bay Of Islands 岛屿湾
Dunedin 但尼丁

Bahamas 巴哈马群岛

Freeport 弗里波特
Nassau 拿骚

Bermuda 百慕大群岛

King's Wharf 国王码头
Hamilton 哈密尔顿
St. George's 圣乔治

British Isles 不列颠群岛

Glasgow 格拉斯哥
Harwich 哈里奇

Canada/New England 加拿大/新英格兰

Bar Harbor 巴尔港
Montréal 蒙特利尔
Vancouver 温哥华
Bayonne 贝永
New York 纽约
Victoria 维多利亚
Boston 波士顿
Québec City 魁北克市
Halifax 哈利法克斯
Saint John 圣约翰市

Caribbean 加勒比海地区

Dominica 多米尼加岛
Curaçao 库拉索岛
Port-of-Spain 西班牙港
Santo Domingo 圣多明哥
Bonaire 博内尔岛
Puerto Plata 普拉塔港
St. Martin 圣马丁
George Town 乔治城
San Juan 圣胡安
St. Thomas 圣托马斯
Grenada 格林纳达
St. Barts 圣巴茨
Anguilla 安圭拉岛
Guadeloupe 瓜德罗普岛
St. Croix 圣克罗伊岛
Antigua 安提瓜岛
Kingstown 金斯敦
St. John 圣约翰岛
Aruba 阿鲁巴岛
Martinique 马提尼克岛
St. Kitts 圣基茨岛
Barbados 巴巴多斯
Montego Bay 蒙特哥湾
St. Lucia 圣卢西亚

Basse-Terre 巴斯特尔
Ocho Rios 奥乔里奥斯

Central America 中美洲

Belize City 伯利兹城
Puerto Caldera 卡尔德拉港
Puerto Limón 利蒙港
Puerto Quetzal 圣胡赛
Roatán 罗丹岛
San Blas Islands 圣布拉斯岛

E. Mediterranean/Aegean 地中海/爱琴海

Iraklion 伊拉克利翁
Athens 雅典
Corfu 科孚岛
Crete 克里特岛
Limassol 利马索尔
Mykonos 米科诺斯
Olympia 奥林匹亚
Rhodes 罗兹

Europe (Western) 欧洲（西部）

Ajaccio 阿雅克修
Almeria 阿尔梅里亚
Amalfi 阿马尔菲
Antwerp 安特卫普
Arnhem 阿纳姆
Bamberg 班贝克
Barcelona 巴塞罗纳
Belgrade 贝尔格莱德
Berlin 柏林
Bonifacio 博尼法西奥
Bordeaux 波尔多
Bratislava 伯拉第斯拉瓦
Brussels 布鲁塞尔
Bucharest 布加勒斯特
Budapest 布达佩斯
Cádiz 加的斯
Cannes 戛纳
Capri 卡普里岛
Cartagena 卡塔赫纳
Cochem 科赫姆
Dover 多佛
Dubrovnik 杜布罗夫尼克
Elba 厄尔巴岛
Florence 佛罗伦萨
Gdansk 格丹斯克
Genoa 热那亚
Ghent 根特
Gibraltar 直布罗陀
Hamburg 汉堡
Heidelberg 海德尔堡
Ibiza 伊比沙岛
Las Palmas 拉斯帕尔马斯
Lisbon 里斯本
London 伦敦
Lyon 里昂
Macon 梅肯
Madeira 马德拉群岛
Málaga 马拉加
Marseilles 马赛
Messina 墨西拿
Monte Carlo 蒙特卡洛
Munich 慕尼黑
Nuremberg 纽伦堡
Odessa 奥德萨市
Palma De Mallorca 马略卡岛
Paris 巴黎
Pisa 比萨
Plymouth 普利茅斯
Portofino 波托菲诺
Prague 布拉格
Rouen 鲁昂
Salzburg 萨尔斯堡
Strasbourg 斯特拉斯堡
Varna 瓦尔纳
Vienna 维也纳
Zurich 苏黎世

Far East/Orient 东亚

Beijing 北京
Dalian 大连
Hiroshima 广岛
Hong Kong 香港
Nagasaki 长崎
Osaka 大阪
Pusan 釜山
Shanghai 上海
Tianjin 天津

Hawaii 夏威夷

Hilo 希洛
Honolulu 火奴鲁鲁
Kauai 考艾岛
Kona 考拿岛
Maui 毛伊岛
Oahu 瓦胡岛

India 印度

Cochin 科钦
Mumbai 孟买

Ireland 爱尔兰

Belfast 贝尔法斯特 | Cork 科克 | Dublin 都柏林

Mexico (Pacific Coast) 墨西哥（太平洋海岸）

Acapulco 阿卡普尔科
Cancún 坎昆
Cozumel 科苏梅尔岛
Huatulco 华土哥
Manzanillo 曼萨尼约
Mazatlán 马萨特兰
Puerto Vallarta 巴亚尔塔港
Ensenada 恩塞纳达港

Middle East 中东

Haifa 海法
Istanbul 伊斯坦布尔
Jerusalem 耶路撒冷
Kusadasi 库沙达瑟
Tel Aviv 特拉维夫

Scandinavia 斯堪的纳维亚

Amsterdam 阿姆斯特丹
Bergen 卑尔根
Copenhagen 哥本哈根
Flåm 弗洛姆
Geiranger 盖伦格峡湾
Hellesylt 海勒叙尔特
Honningsvåg 霍宁斯沃格
Kalmar 卡马尔
Oslo 奥斯陆
Reykjavík 雷克雅维克
Rønne 若纳
Stavanger 斯塔万格
Tallinn 塔林
Tromsø 特罗姆瑟
Trondheim 特隆赫姆

SE Mediterranean 地中海东南部

Naples 那不勒斯
Palermo 巴勒莫
Casablanca 卡萨布兰卡市
Funchal 丰沙尔
Mykonos 米科诺斯
Rome 罗马
Santorini 圣托里尼岛
Seville 塞维利亚
Sorrento 索伦托
St. Tropez 圣特罗佩
Taormina 陶尔米纳
Tenerife 特纳利夫岛
Valletta 瓦莱塔
Varna 瓦尔纳
Venice 威尼斯
Vigo 比戈
Villefranche 维夫兰榭
Yalta 雅尔塔

South America 南美洲

Montevideo 蒙得维的亚
Punta Arenas 彭塔阿雷纳斯
Arica 阿里卡
Buenos Aires 布宜诺斯艾利斯
Caracas 加拉加斯
Cartagena 卡塔赫纳
Devil's Island 魔岛
Guayaquil 瓜亚基尔
Isla Margarita 玛格丽塔岛
La Serena 塞雷纳
Lima 利马
Manaus 玛瑙斯
Puerto Ordaz 奥尔达斯港
Recife 累西腓
Rio de Janeiro 里约热内卢
San Andrés Island 圣安德鲁
Santiago 圣地亚哥
Ushuaia 乌斯怀亚

South Pacific 南太平洋地区

Lautoka 劳托卡
Rarotonga 拉罗汤加
Bora Bora 博拉博拉岛
Fanning Island 芬妮岛
Guam 关岛
Moorea 茉莉亚岛
Papeete 帕皮提
Raiatea 瑞亚堤亚岛
Suva 苏瓦
Tahaa 塔哈岛

Southeast Asia 东南亚

Penang 槟榔屿
Bali 巴厘岛
Ko Samui 苏美岛
Kuala Lumpur 吉隆坡
Phuket 普吉岛
Semarang 三堡垄港市

Bangkok 曼谷	Manila 马尼拉	Singapore 新加坡
Ho Chi Minh City 胡志明市	Nha Trang 芽庄	Surabaya 泗水

Southeast US Coast 美国东南部海岸

Galveston 加尔维斯顿	Miami 迈阿密	Tampa 坦帕
Ft. Lauderdale 劳德岱堡	New Orleans 新奥尔良	
Key West 西礁岛	Port Canaveral 卡纳维拉尔港	

West Coast US 美国西海岸

Catalina Island 卡特琳娜岛	Portland 波特兰	San Francisco 旧金山
Los Angeles 洛杉矶	San Diego 圣地亚哥	Seattle 西雅图

资料来源：http://www.cruising.org/vacation/destinations

专业英语词汇

base port	基本港
cruise terminal	邮轮码头
home port	母港
non-base port	非基本港
Port	港口
port of call	访问港
port of departure	出发港
tourist attractions	旅游吸引物
tourist destination	旅游目的地
tourism resource	旅游资源
wharf	码头

模块八

现代邮轮安全与立法

学习与训练总目标

- 理解邮轮安全管理的定义与特点
- 掌握邮轮旅游过程中常见的安全事故及防范措施
- 熟悉船舶应急与海上求生基本常识
- 熟悉邮轮海上航行的相关法律环境

课前阅读

天津：海上客轮火灾演习　1小时成功“弃船逃生”

2010年11月17日16时，一艘开往韩国济州岛的船舶在驶离天津客运码头后，咖啡屋突然起火，船上人员灭火失败后最终弃船逃生——如此生命攸关的紧张场景并非真实的海上船舶事故，而是天津海事局新港海事处为保证客船冬季航行安全，提高船舶应急反应能力而进行的一次消防演习。

16:00　发出火灾警报　“着火了，着火了！”服务员发现咖啡屋内着火后大声呼喊，同时按报警器。船长听到警报立即查看船舶当前位置、天气、海面状况以及是否需要根据风向调整航向，并通过特定频道向周围船舶发出必要的通告、升起信号旗。船上服务员在各个旅客通道待命，维持旅客原地不动。船上工作人员用汉语和韩语告知旅客船上失火，要求旅客在各自房间等待，服从指令，检查人数。

16:10　组织灭火　轮机长指挥船舶降速、关闭通风、切断电源、启动应急消防泵。灭火队迅速到位后进入着火区域，第一皮龙组率先进入卡拉OK厅和厨房。为防止火势蔓延，第二皮龙组在四周给厨房降温。几分钟后，由于第一皮龙组成员受伤，厨房灭火任务转交给第二皮龙组，同时，呼叫驾驶台请求救援队救护伤员。

16:20　准备弃船　尽管灭火抢救措施十分及时，但火势依然难以控制。船长决定弃船，并发出遇险信号，同时，发送SOS给其他船舶。与此同时，工作人员指导旅客穿好救生衣，携带毛毯，到指定地点集合。受伤、年老、虚弱者以及儿童优先。

16:40　放艇逃生　船员放下救生艇，引导旅客有序地登上救生艇，并清点人数，检查个人物品。船长最后向公司报告弃船结果和船舶人员、船舶情况。

17:00 成功脱险 旅客、船上工作人员通过救助艇、救生筏安全离开起火船舶。

资料来源：http://news.enorth.com.cn/system/2010/11/18/005402046.shtml

阅读思考

1. 邮轮在海上航行有哪些不安全因素？
2. 上述资料中，旅客和船员在演习中安全脱险的主要经验是什么？

子模块一　邮轮海上旅游安全

学习与训练子目标

- ◆ 理解邮轮安全管理的定义、要素与特点
- ◆ 掌握邮轮旅游过程中常见的安全问题及防范措施
- ◆ 熟悉邮轮应急程序与海上自救办法

浩瀚的大海总是变幻莫测。邮轮在茫茫大海中航行，可能存在各种危害船体及人员安全的因素。重视邮轮安全管理以及安全常识的普及，一方面，能够尽可能减少船舶航行事故发生；另一方面，能够在紧急情况下运用应急常识快速展开自救，以争取宝贵的救援时间。

一、邮轮安全管理基础

对于邮轮旅游者来说，邮轮海上旅游安全是其关注的首要问题。加强邮轮安全管理，是保障邮轮正常营运以及游客安全的重要途径。

（一）邮轮安全管理的定义与要素

1. 邮轮安全管理的定义

邮轮安全（Cruise Safety）是指邮轮在营运过程中所涉及的人、船、物等没有危险、没有威胁、没有事故的状态。邮轮安全管理（Cruise Safety Management）是指为了保障邮轮安全而进行的一系列计划、组织、协调和控制等活动的总称。

邮轮安全管理的目标是在相关安全政策法规的指导下，提高岸上及船上人员的安全管理技能，识别一切可能的安全风险并制定有效的防范措施，为邮轮提供安全的营运环境，最终保障海上生命及财产安全。

2. 邮轮安全管理的要素

基于安全科学（Safety Science）理论基础，邮轮安全管理的基本要素是“人—机—环境—控制”（Man—Machine—Environment—Control）系统，这也是邮轮安全管理的主要对象。

（1）人。人员是邮轮安全管理过程中最能动的要素，在邮轮航行过程中涉及船员与乘客两个部分。在邮轮公司管理规章体系和邮轮航次任务确定后，船员的素质和行为直接关系到能否安全、优质、经济、高效地完成航次任务。国际海事组织（International

Maritime Organization，IMO）颁布的《海员培训、发证和值班规则》（《STCW 78/95 公约》）及其修正案就是用于控制船员职业素质和值班行为，有效减少人为因素对海难事故的影响。此外，在乘客治安管理过程中，邮轮安保人员也需要随时保持警惕，采取适当可行的措施预防和制止侵害乘客人、财、物的行为，这同样是人员安全要素管理的重要内容。

资料卡

国际海事组织

国际海事组织是联合国负责海上航行安全和防止船舶造成海洋污染的专门机构，总部设在英国伦敦。其标志如图 8-1 所示。

图 8-1 国际海事组织标志

该组织成立于 1959 年 1 月 6 日，原名为“政府间海事协商组织”，1982 年 5 月改为现名，到 2006 年 10 月，已有 167 个正式成员国。

该组织的宗旨是促进各国间的航运技术合作，鼓励各国在促进海上安全、提高船舶航行效率、防止和控制船舶对海洋污染等方面采取统一标准，解决有关的法律问题。

（2）机。邮轮安全管理还涉及对船舶本身的管理。各国为保证船舶技术状态，保障水上人命、财产安全以及防止船舶造成水域环境污染，所采取的船舶监督管理措施是进行船舶检验（Vessel’s Survey），即按照国际公约、国内法规以及船舶设施规范要求，对船舶设计、制造、材料、机电设备、安全设备、技术性能等进行审核、测试、检查和鉴定的活动过程，从而更好地鉴定并监督船舶的技术状态。

（3）环境。环境要素是邮轮航行所处的自然和人工环境，既包括海洋气候条件等难以抗衡的自然因素，又包括以水上运输为目的所设置的船舶航道与港口环境。加强对环境的监控及各类危险因素的防范，可以将邮轮的各类安全损失减小到最低。

（4）控制。据统计，海上事故的 80%都是人为因素造成的，而人为因素的主要责任则在于船公司的岸上与船上管理控制。当前，重视邮轮公司的安全管理已经成为国际海事界控制邮轮海事问题的重要途径。各大邮轮公司也纷纷编制科学合理的邮轮安全管理体系，包括船舶安全手册、航海日志、航行文件、船舶维修计划、安全设备表、船员训练计划等，并依照文件规定和具体情况对安全事务妥善处理，从而实现单船安全管理的系统化。

想一想

邮轮安全管理的“人、机、环境、控制”要素之间有什么内在联系？请讨论这些要素的管理应如何有效地保障邮轮安全管理目标的实现？

（二）邮轮安全管理的特点

邮轮安全管理既要遵守船舶营运安全管理的一般原则，又要具有与陆地酒店相类似的安全经营管理内容，因此，是一项广泛、持久而且专业性很强的工作。概括地讲，邮轮安全管理主要具有复杂性、国际性以及强制性等特点。

1. 安全管理的复杂性

邮轮安全管理贯穿邮轮运营的全过程，涉及的范围比较广泛，既包括邮轮航行安全管理，又包括邮轮游客治安管理等内容。邮轮在海上航行时，不安全因素比较多，很多安全事故具有一定的突发性，比如海底地震、海啸、台风等引起的船舶倾斜、搁浅甚至倾覆等，给邮轮安全管理带来一定的难度。此外，邮轮搭载游客人数众多，是活动空间相对比较封闭的大型社区，在航行过程中还会涉及防火、防盗、防黄赌毒等问题。因此在邮轮安全管理中需要船公司、船员以及游客的广泛参与，以做好安全管理防范、应变等各项工作。

2. 安全管理的国际性

船舶的流动性使船舶安全成为国际性问题，并逐步形成了国际化的船舶安全管理网络。绝大多数豪华邮轮航行于国际航线，受船旗国、港口国、船级社以及行业组织的多重管辖和影响。

船旗国（又称船舶登记国）通过制定一系列法令条例对船舶进行约束和保护。港口国会对抵港的外国船舶的船员、船舶技术状况和操作要求进行检查，以确保船舶和人命、财产安全。船级社从事商业性的船籍检验，以保证船舶的技术状况。邮轮安全管理人员应采取相关措施，遵守国际规则、船旗国的法规以及船级社和港口国的有关规定。

> **想一想**
>
> 邮轮安全管理人员为什么要严格遵守船旗国、港口国与船级社的相关法律规定？

3. 安全管理的强制性

自 1912 年“泰坦尼克”号邮轮失事以来，邮轮安全问题一直是各方关注的焦点。邮轮海上安全事故影响面大，所带来的政治、经济损失难以估量。世界各国及相关海事机构制定并颁布了大量国际公约及海事安全法规，限制并继而消除不满足国际公约的邮轮继续航行，以此加强对邮轮海上营运的指导与安全监控。在这些公约中，影响力较为广泛的是国际海事组织颁布的《国际海上人命安全公约》（International Convention for the Safety Of the Life At Sea），简称《SOLAS 公约》。

《SOLAS 公约》是关于船舶在海上航行时保障人命安全的公约，是海上人命安全方面最古老、最重要的公约。该公约规定，各缔约国政府所属船舶必须经过登记国认可的组织或指定的验船师检验，符合公约附则要求，取得合格证书后，才能从事国际航行。

《SOLAS 公约》特别强调了消防、救生和弃船等应急演练的目的、要求和程序。船长要安排和执行周期性的消防和救生演习，既给船员练习机会，也向乘客演示邮轮发生严重事故或紧急情况时应该采取的措施。每个船员每月至少参加弃船演习和消防演习各一次。从事非短途国际航行的客船上，应在乘客上船后24小时内举行乘客集合演习。从事短途航行的客船上，如在离港后未能举行乘客集合演习，则应请乘客注意“应变须知”的内容介绍。

各港口国历来非常重视对船舶安全的检查。美国海岸警卫队（United States Coast Guard）要求任何船舶，不管注册地在哪里，如果想在美国港口停靠，都必须符合《SOLAS公约》要求。我国是《SOLAS公约》的缔约国，为了更好地履行公约，出台了《中华人民共和国船舶安全检查规则》，对船舶配员、船舶保安、船舶安全等内容做出了具体要求。

资料卡

《中华人民共和国船舶安全检查规则》

《中华人民共和国船舶安全检查规则》是为规范船舶安全检查活动，保障水上人命、财产安全，防止船舶造成水域污染，根据《中华人民共和国海上交通安全法》、《中华人民共和国海洋环境保护法》、《中华人民共和国内河交通安全管理条例》等法律、行政法规和我国缔结、加入的有关国际公约而制定的规则。该规则于2009年10月29日经第10次交通部部务会议通过，自2010年3月起施行。

船舶安全检查的内容包括：船舶配员；船舶和船员有关证书、文书、文件、资料；船舶结构、设施和设备；载重线要求；货物积载及其装卸设备；船舶保安相关内容；船员对与其岗位职责相关的设施、设备的实际操作能力以及中国籍船员所持适任证书所对应的适任能力；船员人身安全、卫生健康条件；船舶安全与防污染管理体系的运行有效性；法律、行政法规、规章以及国际公约要求的其他检查。

想一想 如何全面地理解邮轮安全管理的复杂性、国际性与强制性特点？

二、邮轮常见安全问题及其防范

与陆上旅游相比，海上旅游存在一定的风险，会遭遇海底地震、海啸、台风、火灾等危险因素，从而导致海上事故的发生。

海上事故专指船舶在航行、停泊和作业中发生的海损事故，比如碰撞和触碰、触礁和搁浅、浸水和沉没、火灾和爆炸以及船体和机器损坏等。此外，随着国际形势的瞬息万变，海上恐怖势力也成为威胁游客安全的重要隐患。

（一）邮轮碰撞、搁浅事故及其防范

船舶碰撞、搁浅、触礁是船舶在海上航行时比较常见的海损事故。碰撞是船舶之间相互碰撞造成船舶损坏事故；搁浅是船舶航行中或锚泊中搁置浅滩或擦浅造成的事故；触礁是船舶航行中触碰或搁置礁石造成的事故。邮轮发生碰撞、搁浅或触礁，轻则影响航行，重则造成人身伤亡，因此，需要高度重视并积极预防。

海洋天气变化莫测，给海上航行带来了很大的未知性和危险性。海啸、海底地震等自然灾害的突发性，给船舶航行构成严重威胁。海啸巨浪使船舶发生剧烈摇晃，导致船舶重心偏移，船舶倾斜。如果情况得不到及时控制，则船舶重心偏移更多，倾斜更严重，稳性越来越差，最终导致船舶倾覆。当船舶在港内或码头靠泊时，海啸波浪及潮水也会对船舶造成极大危害，造成船舶缆绳崩断，进而发生碰撞、搁浅等事故。

当前，邮轮正朝着大型化、高速化的方向发展。随着世界海运量的持续增加，海上交通日趋繁忙，航行密度越来越大，出入港口更加拥挤，从而也会造成船舶碰撞和搁浅事故的发生。2010 年 10 月 18 日凌晨，“歌诗达经典”号邮轮在长江口深水航道准备接受引航员登轮时，与一艘同向进入码头水域的比利时籍 8 万吨级货轮“楼兰永恒”号发生碰撞。该事故造成邮轮右侧船体大面积受损，少量海水经破损处灌入船体，几名游客轻微受伤。据权威部门统计，在长江内河船舶水上事故中，碰撞事故所占比例最高，约占事故总数的三分之二以上。

为了防止或尽量减少碰撞、搁浅等海上事故的发生，邮轮公司除了要提高船员的安全意识、责任感以及航海技术水平外，还应该严格遵守各项海上安全公约，做好邮轮海上航行安全管理。当船舶发生碰撞、搁浅等事故时，应该沉着冷静，根据具体情况作出正确的判断，果断采取有效应急措施，保障人命及财产安全。

做一做

搜集近年来邮轮碰撞、搁浅等海上安全事故的典型案例，分析事故发生的原因并讨论如何进行此类事故的防范？

（二）邮轮火灾事故及其防范

邮轮火灾同样是邮轮航行过程中常见的安全事故。2010 年 11 月，“嘉年华光辉”号邮轮在墨西哥太平洋海岸附近海域因尾部操作间起火而失去动力，船上近 5 000 名游客和船员被困，后经救援脱险，但仍给邮轮公司带来一定的经济损失和负面影响。

邮轮起火的原因是多方面的。除了碰撞等海上事故可能导致火灾以外，绝大多数是船舶电力系统故障、电器设备使用不当或游客随处丢弃烟头等原因引起的。邮轮公司禁止船员及游客在围蔽空间内抽烟，也是为了避免火灾事故的发生。

邮轮在海上航行时发生火灾，获得外援救助的可能性较少，不可能像在陆地上发生的火灾一样能够及时调集大量消防力量进行灭火，而且邮轮的复杂结构也会增加查明火源和灭火工作的困难程度，因此，很可能在较短的时间内造成重大损失。

邮轮一旦发生火灾，最重要的就是能够及时发现，将火灾扑灭在起初阶段。发现火情以后，应立即发出火警警报，寻觅火源，控制火势。通过观察火灾浓烟及异味来判断火源的位置和起火原因，切断电源和油舱通道，封闭起火舱室门窗和通风口，尽力防止火势扩展蔓延，并根据具体情况采取不同灭火器材及方法。明火扑灭后，仔细检查现场余烬是否完全熄灭。事后对火灾原因及施救工作认真分析总结，以吸取教训和归纳经验。

邮轮公司及所有船员在思想上要高度重视消防工作，加强防火宣传教育，严格执行防火的各项规定，同时按规定进行邮轮的消防演习，熟练掌握船舶消防技能，对船舶消防安全设备要定期检查，使其始终保持良好的工作状态，这样才能很好地防范及应对火灾事故的发生。

想一想 邮轮一旦发生火灾，应采取哪些紧急措施予以扑灭、施救？

（三）海上恐怖势力威胁及其防范

恐怖主义是指暴力实施者为了特定的政治或宗教目的而对平民等非武装人员使用暴力或以暴力相威胁的行为，是人类和谐发展所共同面临的重大问题。大海是防恐的薄弱环节，恐怖分子比较容易进行海上恐怖活动。邮轮搭载着来自不同国家而且数量庞大的游客，恐怖分子很可能通过劫持或袭击邮轮来扩大影响，以达到其政治或其他非法目的。海盗袭击同样要引起邮轮公司的注意。2008 年以来，海盗们制造的劫持事件增加了很多。海上恐怖势力给邮轮旅游带来了一定影响，也对游客海上安全造成了威胁。

对一个经营成熟的邮轮公司而言，不但要研究如何防范恐怖袭击，更要准备诸多预案，尽可能为邮轮提供安全的环境。只有这样，才能避免在恐怖袭击来临之时束手无策。

1. 加强风险评估

邮轮公司可以同邮轮航线的周边国家建立沟通渠道，利用各种情报网络，加强恐怖袭击的防范和预警措施，并对每一航次进行风险评估。当风险评估值超过一定的数值之后，就要采取相应的措施降低恐怖袭击的概率，甚至取消在危险航区的航行。

2. 执行安全法规

2004 年生效并实施的《国际船舶和港口设施安全法规》（ISPS）是国际海事组织颁布的关于国际港口安全最重要的法规之一。该法规旨在全球范围内进一步促进国际海事安全，预防和打击针对海运的国际恐怖主义活动。各大邮轮公司都必须按照 ISPS 的要求做好应急准备，任何一艘国际邮轮都无一例外地受到 ISPS 的制约。

3. 申请特殊保护

出于安全方面的考虑，邮轮公司可以特定海域航次申请政府的特殊保护。比如，美国前往中东、夏威夷等地的邮轮可以在紧急情况下请求美国在世界各地的军舰护航，如同第二次世界大战期间盟军军舰护卫运输船抵御德国潜艇袭击一样。此种做法尽管可以保障邮轮及游客安全，但也带来不少问题，比如邮轮与军舰齐头并进容易使游客产生恐慌和紧张心理，而且这一做法会引起世界的关注，反而可能刺激恐怖袭击的发生，因为恐怖分子的目的就是要扩大政治影响力。

4. 提高反恐水平

除了加强对恐怖主义的防范，提高邮轮自身的反恐能力和技术水平同样重要。2005 年 11 月 5 日，美国嘉年华邮轮集团旗下世鹏邮轮公司的“世鹏精神”号邮轮在索马里海域遭到两艘海盗快艇的袭击，邮轮在身中火箭弹后船舱起火，船上 300 多游客和船员危在旦夕。在紧急关头，船长指挥船员使用秘密武器“声弹”巧妙“击”退海盗，并调转船头开足马力前进，船上游客化险为夷。

经典邮轮赏析

船名：“世鹏精神”号（见图 8-2）

船东：世鹏邮轮
吨位：9 975 吨
船长：134 米
船宽：19.2 米
载客量：208 人
员工：164 人

图 8-2 “世鹏精神”号邮轮

“世鹏精神”号（Seabourn Spirit）邮轮是一艘在巴哈马群岛注册的豪华邮轮，隶属于美国嘉年华邮轮集团旗下的世鹏邮轮品牌。2005 年，“世鹏精神”号搭载 150 多名游客与 160 多名船员，由埃及亚历山大港出发前往肯尼亚蒙巴萨港，在凌晨时分途经索马里海域时遭到两艘海盗快艇的猛烈开火攻击，位于船体中央的豪华餐厅及客舱中弹。面对突如其来的袭击，挪威籍船长斯文·E·彼得命令船员迅速组织游客在邮轮中舱集中，一边指挥调转船头迅猛撞向海盗快艇，一边向海盗快艇发射 LRAD（长程声波设备）声波炸弹。在海盗受到空气中强大冲击波的干扰时，邮轮加大马力全速向远方行驶，顺利摆脱海盗的追击。

想一想 “世鹏精神”号邮轮应对海盗袭击的成功经验是什么？讨论邮轮公司应该如何更好地应对海上恐怖势力威胁？

三、邮轮应急与海上自救常识

邮轮发生海上事故时会造成不同程度的损失，邮轮船长以及全体船员应该始终保持警惕去预防和减少海上事故的发生，邮轮乘客也应该熟悉一些发生海上事故之后应该采取的应急措施与自救常识。

（一）邮轮应急

1. 船舶应急的定义

船舶应急是指船舶进入临近事故状态或者事故状态时的紧急抢救。在海上，船舶是船员和旅客最好的生存基地，用救生艇筏和水中漂浮求生是万不得已的选择。因此，当邮轮发生危险和紧急情况时，船上人员应该全力进行抢救，使邮轮脱离危险，以保全自身的生存空间，直到邮轮恢复安全状态或者船长宣布弃船为止。

2. 船舶应急报警信号

按照船舶所遇紧急事故的不同，船舶应急可分为消防、救生、堵漏和油污应急等多种。各类应急通常会有不同的报警信号。

（1）消防。由警铃或汽笛发出连续短声，持续 1 分钟后，另加火灾部位指示信号，一短声表示在船前部，两短声表示在船中部，三短声表示在船后部，四短声表示在机舱，五短声表示在上层建筑。

（2）落水。由警铃或汽笛连续发出三长声，持续 1 分钟。

（3）堵漏。由警铃或汽笛连续发出两长一短声，持续 1 分钟。

（4）弃船。由警铃或汽笛连续发出七短一长声，持续 1 分钟。

（5）解除警报。各类应急情况的警报解除信号为一长声（持续 4～6 秒钟）或口头解除。

3. 船员应急行动

为了保障人命安全，邮轮上设有应变部署表，用以明确邮轮应急时每个船员应该执行何种任务。船长是各类应急情况的总指挥，其替代人是大副；大副是各类应急情况的现场指挥。如果事故现场在机舱，由轮机长担任现场指挥，并负责保障船舶动力。

在听到应急警报信号以后，船员在应急时应注意：

（1）确认警报。通过不同报警信号确认所遇紧急情况的种类。

（2）迅速行动。按照应急计划分工到达指定地点，完成事故处理或弃船准备工作。比如在弃船情况下，无线电通讯操作员需在电台值守，按规定发送遇险求救信号，直至通知撤离；轮机舱值班人员做好熄火、关机等弃船安全防护，并携带规定物品撤离。

（3）保护乘客和下属船员安全。

（4）服从指挥，保持镇定。

做一做

以小组为单位，模拟邮轮发出“七短一长声”警报时，邮轮乘务员应该采取的应急行动，并讨论相关的注意事项。

4. 全球海上遇难与安全系统

全球海上遇难与安全系统（Global Maritime Distress and Safety System，GMDSS）是国际海事组织于 1991 年 9 月 22 日决定的国际呼救信号，代替使用长达一个世纪之久的 SOS，并从 1992 年 2 月 1 日开始实施。这是国际海事组织依靠现代无线电通信技术建立起来的一种崭新的搜寻救助通信系统，能使遇险报警信号在远距离范围实现发送和接收，适用于全球所有海区的各种船舶以及海上设施的海难救助。

GMDSS 要求船舶必须装备相关设备，当船舶在海上遇险时，可通过船上装备的设备及国际海事通信卫星，向附近船只或岸站发出求救信号，此时地球上所有地方都可以听到并与之迅速进行通信、联络，进行紧急救援工作。海事通信卫星还可以精准地标注海难船只的方位，引导救援船只前往营救。

5. 船舶应急设备

为了保障游客与船员的生命安全，邮轮上除了有可呼救的通信设施外，还必须配置能单独在海上漂浮或行驶的各种船舶救生设备，常有的有救生艇、救生筏、救生衣等。

（1）救生衣。救生衣数量按照乘客的数量而配备，保证每人一件。同时在值班处配备足够数量的救生衣，另在甲板易见处配备相当于乘客总数 5%的救生衣。邮轮上儿童救生衣的数量不得少于额外乘客总数的 10%。

做一做

游客救生衣一般放置在邮轮的什么位置？进行救生衣正确穿戴方法练习。

（2）救生圈。按照船舶的结构和船长，在船两舷、首尾配备相应数量的救生圈。其中有一半的救生圈配有自亮浮灯，至少有两个救生圈配有自带烟雾信号。

（3）救生艇筏。国际航线的客轮，全船救生艇按定员总数的 75%配备；国内航线的客轮，全船救生艇按定员总数的 40%配备。配备的救生筏总容量为全船总人数的 110%。

（4）保温救生衣服。保温救生衣服按照每个救生艇 3 套的数量配置于救生艇内。

船员应为每种救生设备建立符合要求的维护保养计划，并应保证所有救生设备在邮轮离港前及航行中处于正常工作状态。

想一想

救生艇与救生筏有什么样的区别？你知道这两种救生工具如何使用吗？

（二）海上求生

当船舶在海上发生海难，船长决定弃船时，船上人员利用船上救生设备，运用海上求生的知识和技能，克服海上的困难和危险，延长遇险人员生存的时间，直至脱险获救，称为海上求生。海上求生的三要素是救生设备、求生知识和求生意识。

1. 弃船前准备

船舶在海上突然发生严重海难事故，尽管全力抢救但仍无法使船免于沉没或毁灭，那么在这种情况下只能弃船。弃船命令由船长发布，船员及游客应服从指挥，做到忙而不乱、互助互救。在决定弃船时，船长应考虑的因素有船舶的危险程度、采取的应急行动是否有效、船舶状况、气象和海况等周围环境状况、救助的可能性以及本船救生设备的特性等。弃船之前，船员和乘客应做好各种准备，以应对海上恶劣的环境。

（1）尽量多穿衣物。邮轮遇险无论发生在热带水域还是低温水域，求生者在离开难船前都不能脱掉衣服和鞋子，而应该在弃船前多加衣物。在海水中浸泡，会遭受太阳的酷晒和海水蒸发带来的散热，适当地多穿衣物可以防止身体表面烧伤或者失热过快。尤其是在寒冷的水域中遇险，更应该多穿几层保暖性较好的衣服，让海水在衣服和身体间形成小的流域，防止与外界流通散热。

（2）戴上帽子与手套。根据有关资料显示，人体一半以上的热量是通过头部散失的，因此弃船前尽可能戴上帽子。另外，必要时还可戴上手套。

（3）随身携带必需品。弃船前应尽量多吃东西。如果时间允许，可以搜集一些食物淡水和保温材料，做好长期等待救援的准备。

（4）正确穿戴救生衣。穿着救生衣一定要按要求系好领口带、胸带和腰带，而且一定要是死结，防止冲击时带子解开。

想一想 讨论游客在弃船前还应该注意哪些问题？

2. 离开难船

在弃船时离开难船的方法有自动登上救生艇筏或跳水离开难船。

（1）自动登上救生艇筏。按照船长和船员的指示，通过舷梯或绳梯有秩序地登上救生艇筏。特殊情况下可以直接从弦边跳入救生艇筏内，也可以通过海上充气滑道或者平台、导索等撤离系统登上救生艇筏。

（2）跳水离开难船。若不能直接登上救生艇筏，只能选择从船上跳入水中，再游泳登上救生设施。跳水时要穿好救生衣，摘下身上尖锐物品，跳水高度最好不要超过 5 米。尽量避免从损坏的船体处跳水。跳水时双眼向前平视，保持头朝上、脚在下垂直入水。

（3）入水后注意事项。入水后尽快离开难船，向周围的救生设施游去，防止被船舶落水造成的漩涡卷走。不熟悉水性者可以采取自救方法，除呼救外，取仰卧位，头部向后，使鼻部可以露出水面呼吸。呼气要浅，吸气要深。因为深吸气时，人体比重比水略轻，可以浮出水面，呼气时人体比重比水略重。

3. 水中登上救生艇筏

水中登上救生艇筏比较困难，应最大限度利用脚和攀拉索带，利用绳梯和登筏平台登上救生艇筏。救生艇上的人可以调整艇内人员分布，帮助登艇人员进入。

在艇筏上的求生者，由于寒冷、酷暑、焦躁、饥饿等各种困难和险恶的环境，不仅会产生一系列的生理症状，而且还会产生一些心理症状，从而影响求生者的意志，动摇对生存的信心。然而对于求生者来说，意志的力量远比身体的力量重要。

做一做 模拟游客从离开难船到登上救生艇筏的全过程？并讨论相关注意事项。

4. 预防海洋生物袭击

热带和亚热带的鲨鱼比较具有攻击性，而鲨鱼会对气味非常敏感，尤其是血腥味。所以，在水中一定要采取措施保护自己防止被鲨鱼袭击。鲨鱼来临时尽量泼水大叫，因为鲨鱼对于声波比较敏感，求生者的大喊大叫也许会“吓”跑鲨鱼。要保存体力，以便在鲨鱼进攻时奋力一搏，尽量击打鲨鱼的鱼鳃和眼睛，但要避免打到鲨鱼的牙齿而使自己受伤，血液会更加激怒鲨鱼。

资料卡

“探索者”号邮轮南极与冰山相撞

2007 年 11 月 23 日，“探索者”号豪华邮轮在南极附近海域与冰山相撞。虽然船体破裂进水后沉入海底，但与“泰坦尼克”号沉船悲剧不同的是，“探索者”号邮轮上的乘客和船员全部安全获救。

“探索者”号和冰山相撞后，船长判断邮轮已无法挽救即下令弃船。船员们一边用水泵抽取涌入船舱的海水以减缓船舶下沉速度，一边展开自救。由于邮轮上装备的救生艇能够容纳所有乘客和船员，故未出现任何慌乱。乘客被有组织地转移到救生艇，等待救援船只。

目前，国际海上救援机制非常成熟。许多国家都设立了专门的海上救援机构，沿海城市部署了救援设备，救援船只在海上巡航，随时准备参加救援行动。各国设立在极地的基地也在海上救援中扮演了重要角色。

“探索者”号发出求救信号后，总部设在罗马的国际海事救援组织立刻向相关国家海事部门发出紧急救助信号。阿根廷海军在事故发生 30 分钟后就收到确切消息，且开始组织救援。英国和美国海岸警卫队闻讯后即出动船只救援，附近海域的客货船也纷纷赶往失事地点。

由于救援船只及时赶到，所有乘客和船员都安全获救。由于海上天气变化多端，如邮轮上的乘客被转移到救生艇上而救援船只迟迟不来，救生艇极易发生意外。

当年“泰坦尼克”号事故中，只因距离“泰坦尼克”号最近的一艘船关掉电报机而无法及时收到求救信号，失去了救援良机。类似情况现已不可能再出现。根据国际海事惯例，在海上航行船只的通信设备要求全天候工作。

“探索者”号的全部乘客和船员能安然脱险，也有一定程度的天气原因。当日的海上天气很好，没有风浪和雨雪，天色逐渐放亮，给自救提供了良好条件。如果当时海上能见度很低，再遭遇狂风巨浪，小小的救生艇能否抵御恶劣天气不可预料。另外，“探索者”号撞上的冰山较小，船体破损亦不严重，20 小时后才沉没，这给救援行动留出了充分时间。

资料来源：http://news.xinhuanet.com/newscenter/2007-11/25/content_7139745.htm

想一想

“探索者”号邮轮与冰山碰撞后游客和船员全部脱险的成功经验是什么？

子模块二 相关海事问题及立法

学习与训练子目标

- 理解船舶公海自由航行的概念
- 熟悉船舶登记制度与方便旗悬挂政策
- 熟悉国际卫生条例与邮轮防污办法

邮轮业是国际性的行业。为了确保某些预防措施的实施，邮轮公司会受到很多约束，因此需要审视邮轮海上航行相关的法律环境，在相关立法框架下健康稳步发展。

一、船舶登记与公海航行

（一）船舶国籍和旗帜

1. 船舶国籍

船舶国籍是指船舶所有人按照某一国家的船舶登记管理规范进行登记，取得该国签发的船舶国籍证书并悬挂该国国旗航行，从而使船舶隶属于登记国的一种法律上的身份。

国际航行船舶应向本国或他国政府登记取得国籍，并在船尾旗杆上悬挂该登记国的国旗，从而表明船舶与登记国之间有了法律上的隶属关系，拥有该国国籍。船舶在登记国政府登记后，应遵守登记国政府的法令和条例，并受登记国的保护。

2. 船旗国

为国际航行船舶签发船舶国籍证书的国家是船旗国（Flag State），又称为船舶登记国。国际邮轮理事会（ICCL）界定了邮轮船旗国必须满足的许多因素，包括：

（1）邮轮船旗国必须是国际海事组织的成员国，必须遵守国际海事组织的全部海事安全条例和公约。

（2）邮轮船旗国必须设立海事机构，提供综合海事专业知识和行政服务。比如在发放客轮证之前，必须对邮轮进行年度安全检查，并利用公认的分类标准评价邮轮遵守国际法律和公约条例的情况。

当前，为邮轮提供国籍注册的主要国家是英国、巴拿马、挪威、荷兰、巴哈马以及具有严格规定的美国等。所有这些国家都是国际海事组织的成员国。

各船旗国关于船舶注册有各自不同的规定，一些国家要求在该国注册的船舶全部雇佣该国公民或者雇佣一定比例的该国公民。美国是在船员雇佣、船舶建设以及船舶注册方面最严格的国家之一。悬挂美国旗帜从事近海贸易的船舶人员雇佣规定是，所有官员、引航员和 75%以上的其他工作人员必须是美国公民或美国居民。从事近海贸易悬挂美国旗帜的船舶必须归美国公民所有，且由美国造船厂建造。这种建造要求适用于整个船体、上层结构以及船舶装修材料的主要部分。

做一做

选择你比较熟悉的邮轮公司，搜集该公司旗下邮轮的船旗国是哪些国家？分析其有什么样的特点？

3. 方便旗

国际航行船舶除了在本国登记，还可根据政治、经济和军事上的需要，选择在其他国家进行登记。此种做法可以为邮轮公司带来很多好处，诸如在冲突事件中保持中立、降低税收、降低注册成本、降低人员成本等。

一些国家采取船舶开放登记制度，对前来登记的船舶有比较宽松的甚至近乎没有限制条件，几乎所有船舶都可以在该国进行登记，这些国家称为“方便旗国”，登记船舶所取得的国籍称为“方便旗籍”，所悬挂的国旗称为“方便旗”（Flag of Convenience）。

为了方便国际贸易交往，最早的方便旗船出现在16世纪，在19世纪末、20世纪初得到广泛发展。船东将其拥有的船舶在本土之外的国家进行登记，主要目的是出于经济上的考虑，比如大大降低船舶的营运成本，还有一些船东隐匿船舶的所有权，意在规避纳税或者支付较低的船舶登记费和船员工资。二战期间，为了避免与敌对国家的冲突，一些国家的船东也经常把船舶加入方便旗籍。二战以后，方便旗船得以迅速发展，对世界航运市场产生了巨大的影响。各港口国一直将方便旗船作为重点检查对象，因为这样的船舶管理相对松散，有可能对港口带来不利的影响。

想一想

邮轮悬挂方便旗所带来的有利影响和不利影响分别是什么？

（二）公海自由航行

公海在国际法上是指不包括国家领海或内水的全部海域。公海不是任何国家领土的组成部分，因而不处于任何国家的主权之下，供所有国家共同、平等使用。任何国家不得将公海的任何部分据为己有，不得对公海本身行使管辖权。

1958年《公海公约》规定，公海自由主要包括航行自由、捕鱼自由、铺设海底电缆和管道的自由、飞越自由。1982年《联合国海洋法公约》除规定上述自由外，还增加了建造国际法所准许的人工岛屿和其他设施的自由、科学研究的自由，并规定所有国家在行使这些自由时，应合理地照顾到其他国家享受公海自由的利益。

由于公海航行自由，任何国家不得对在公海中合法航行的别国船舶加以阻碍。在公海中航行的船舶必须在一国进行登记并悬挂该国国旗，受船旗国的专属管辖和保护。悬挂两国或两国以上旗帜航行或视方便而换用旗帜的视为无国籍船舶，在公海上被认为是海盗船，不受任何国家的保护。船舶在公海对其他国家公民、船舶、设施或环境造成的损害，由船旗国与有关国家合作调查。

想一想

公海自由航行对于现代邮轮的经营和管理有什么样的影响？

二、国际卫生条例与疾病预防

（一）国际卫生条例

《国际卫生条例》（International Health Regulations，IHR）是世界卫生组织（World Health Organization，WHO）制定的国际法律工具，对世界卫生组织的 190 多个成员具有约束力。《国际卫生条例》帮助国际社会预防和应对有可能跨国威胁世界范围人民的紧急公共卫生风险。

在全球化的世界中，疾病可以通过国际旅行和贸易远距离和大范围传播。一个国家的卫生危机可以影响到世界上许多地方的生计和经济。这些危机可能是新发传染疾病造成或者一场新的人类流感大流行造成的。《国际卫生条例》定义了各国报告公共卫生事件的权利和义务，确定了世界卫生组织在维护全球公共卫生安全工作中必须遵循的一系列程序，旨在尽可能限制对国际交通和贸易带来干扰的同时，通过预防疾病的蔓延来保证公共健康。

（二）邮轮疾病预防

1. 邮轮公共卫生疾病风险

现代豪华邮轮可以看做是一个典型的全球聚会场所。船上的游客和船员来自世界各地、各阶层，健康和免疫状况、医疗和公共卫生行为以及可能的疾病接触史各有不同。邮轮在短时间内从一个港口转往另外一个港口，登船的游客和船员可能会带入各种传染病毒。此外，船上提供充足的食物和饮料，游客之间进行广泛交流，开展各种各样的集体活动，这种人员的频繁接触以及环境的相对封闭和拥挤，都会造成疾病在游客和船员之间传播，并进一步传播到游客和船员所在的国家。

近年来，各类传染性疾病的爆发给邮轮业带来了严峻的公共卫生挑战，麻疹、风疹、水痘、脑膜炎、甲肝、军团病以及呼吸系统和胃肠道系统疾病等传染性疾病在邮轮上都曾出现过。2006 年，美国一艘豪华邮轮在为期两周的航程中，近 700 名邮轮游客和船员交叉感染“诺沃克”病毒急性肠胃炎。经调查显示，疾病爆发的源头是一些游客在登轮之前就已经被感染，密闭的邮轮空间让疫情规模不断扩大，造成 530 多名游客和 140 多名船员上吐下泻，在邮轮医务室接受初步治疗后在各自客舱接受隔离，直至下船接受治疗。

2. 邮轮公共卫生疾病预防

在应对公共卫生风险时，邮轮公司要在《国际卫生条例》的指引下加强疾病监管，同时增强游客的防范意识，就可以尽可能避免重大公共卫生疾病。

游客在乘邮轮旅行的过程中，接触的环境复杂多变，也很难对传染疾病的风险进行量化，但可以采取一些简单有效的防护措施，比如：

（1）确定已经根据常规免疫计划进行了最新的预防接种。

（2）遵循邮轮健康顾问针对邮轮旅行活动提出的有针对性的防护和免疫建议。

（3）注意邮轮旅行个人卫生，尤其是手部卫生，经常使用碱性消毒洗手液洗手。

此外，邮轮上设有受过专门训练的医疗人员和完善的救护设备，可以为游客提供必要的医疗服务。必要时，邮轮将从最近的港口联系救护车在港口等候，或者直接呼叫直升飞机将病客送往医院。

想一想　邮轮通常可以采取哪些措施控制大规模疾病的爆发?

三、海洋船舶防污染管理

（一）防止船舶造成污染国际公约

船舶污染主要是指船舶在航行、停泊港口、装卸货物的过程中对周围水环境、大气环境等产生的污染。海洋船舶防污染是通过严格控制和预防船舶的各种有害物质的排放和意外泄漏，使海洋环境保持干净清洁。

随着海洋运输业的发展和世界船队规模的不断扩大，船舶在航行期间向海洋排放的各种有害物质与日俱增，海洋水质日趋恶化，船舶对海洋的污染已经成为航运界考虑的重要问题之一。《防止船舶造成污染国际公约》（The International Convention for the Prevention of Pollution From Ships）又称为《MARPOL 公约》，是旨在防止船舶造成海洋污染的国际公约，也是人类保护海洋环境的第一个国际公约。

《MARPOL 公约》包含六个技术性附则，即防止油污规则、控制散装有毒液体物质污染规则、防止海运包装形式有害物质污染规则、防止船舶生活污水污染规则、防止船舶垃圾污染规则、防止船舶造成大气污染规则。目前，《MARPOL 公约》已在大约 90 多个国家批准生效。所有悬挂缔约国国旗的船舶，无论其在何海域航行都需要严格执行《MARPOL 公约》的相关规定，各缔约国对在本国注册登记的船舶海洋污染行为负有不可推卸的责任。

（二）邮轮防污管理与垃圾处理

现代邮轮的大型化趋势势必造成很大的能源消耗与海洋污染。一艘大型邮轮要为大约 5 000 名游客和船员供应日常所需物资，同时还要为庞大的船体提供充足的动力，其能耗和污染是可想而知的。按照《防止船舶造成污染国际公约》的要求，邮轮公司必须做好邮轮的海洋防污染管理，以减小对海洋可能造成的污染危害。

邮轮产生的主要污染物包括船舶垃圾、生活污水、含油污水以及粉尘、废气等。

1. 船舶垃圾处理

船舶垃圾是指船舶在正常营运期间产生，需要不断予以处理的各种食品、日常用品、工作用品的废弃物，以及船舶运行时产生的各种废弃物。船舶垃圾主要包括食品垃圾、塑料制品垃圾以及其他垃圾等。邮轮对于船舶垃圾的处理，主要有岸上处理及船上处理两种方法。岸上处理是将船上各类固体垃圾进行收集，在邮轮靠岸时运送到岸上进行专业的垃圾分类处理；船上处理是直接将垃圾在船上进行焚烧或者磨碎后排放到指定海域。

想一想　邮轮垃圾船上处理及岸上处理分别有什么样的优缺点?

很多邮轮公司在垃圾收集方面也采取了很多行之有效的方法。日本豪华邮轮“富士丸”号船上的垃圾桶至少分成三类，整齐地摆放在一起，上面用日语和英语标出不同的用途，比如：标有“plastic”的垃圾桶只允许投放塑料等不可回收垃圾，标有“paper”的垃圾桶只能投放纸张和纸质包装盒等，而标有“bottle”的垃圾桶只能投放瓶子、罐子等，而且投放时要把里面的液体倒出。在这种积极的引导下，游客投放各类垃圾也相当自觉。

2. 生活污水处理

船舶生活污水主要是指从邮轮厨房、洗衣房、洗澡间、卫生间等处排出的生活污水和废物。对于船舶生活污水来说，处理方法同样有两种。

（1）船上污水处理。即在船上安装生活污水处理装置，污水处理达标后直接排入大海。

（2）收集岸上处理。即在船上安装生活污水回收装置，将生活污水收集到岸上处理。

3. 含油污水处理

含油污水是邮轮在航行中产生的压舱水、洗舱水、舱底残油等污水。对于含油污水，一是使用油污分离器进行处理，二是从源头上进行控制，减少含油污水的排放。

此外，船舶溢油同样是造成海洋污染的重要原因。2007 年 11 月，在南极海域附近失事的“探索者”号邮轮的燃油泄漏，形成了 8 公里长、5 公里宽的污染带，对附近海域造成严重环境污染。专家们经过评估后认为，泄漏燃油对周围海域产生的污染尚在可控范围之内，如果状况不继续恶化，就不需要采取特殊措施，泄漏燃油将随着时间推移逐渐被海水稀释。但同时，专家们也担心沉入海底的邮轮船舱能否长期承受海水的压力，如果船舱裂口加大，沉没的邮轮燃油全部泄漏，将对附近海域造成灾难性的生态破坏。

为了减少邮轮对环境的污染，很多邮轮公司在海洋环境保护方面做出了很多努力。地中海邮轮公司致力于打造“生态之船”，坚持高标准的废料处理流程，同时通过机舱监测管理监控各类能源的使用量，旨在带领游客海上航行的同时最大限度地减少对海洋的影响，因此获得了众多荣誉和认证，比如由国际船级社国际检验局颁发的关于地区环境、健康安全和食品安全的“六金珍珠奖”（Six Golden Pearls），以及“绿色地球奖”（Green Planet Award）、“威尼斯蓝旗”（Venice Blue Flag）等。

资料卡

《船舶污染物排放标准》

（1983 年 4 月 9 日，中华人民共和国城乡环境保护部发布，1983 年 10 月 1 日实施）

本标准适用于中国籍船舶和进入中华人民共和国水域的外国籍船舶。标准包括：① 船舶含油污水最高容许排放浓度；② 船舶生活污水最高容许排放浓度（生化需氧量、悬浮物、大肠菌群）③ 船舶垃圾排放规定。标准同时配有监测方法。

1 排放规定

1.1 船舶排放的含油污水（油轮压舱水，洗舱水及船舶舱底污水）的含油量，最高容许排放浓度应符合表1规定。

表1　船舶含油污水最高容许排放浓度

排放区域	排放浓度（毫克/升）
内河	不大于15
距最近陆地12海里以内海域	不大于15
距最近陆地12海里以外海域	不大于100

1.2 船舶排放的生活污水，最高容许排放浓度应符合表2规定。

表2　船舶生活污水最高容许排放浓度（毫克/升）

项目	内河	沿海（距最近陆地4海里以内）	沿海（距最近陆地4～12海里）
生化需氧量	不大于50	不大于50	
悬浮物	不大于150	不大于150	无明显悬浮物固体
大肠菌群	不大于250个/100毫升	不大于250个/100毫升	不大于1 000个/100毫升

1.3 船舶垃圾排放应符合表3规定。

表3　船舶垃圾排放规定

排放物	内　河	沿　　海
塑料制品	禁止投入水域	禁止投入水域
飘浮物	禁止投入水域	距最近陆地25海里以内，禁止投入水域
食品废弃物及其他垃圾	禁止投入水域	未经粉碎的禁止在距最近陆地12海里以内投弃入海。经过粉碎颗粒直径小于25毫米时，可允许在距最近陆地3海里之外投弃入海

2 其他规定

2.1 名词解释

2.1.1 船舶：系指海上、内河各类船舶包括水翼船、气垫船、潜水器、固定的或浮动的工作平台。

2.1.2 距最近陆地：系指按照领海基线作为起点计算的距离。

2.1.3 含油污水：系指含有原油和各种石油产品的污水。

2.1.4 生活污水：系指含有粪、尿及船舶医务室排出的污水。

2.1.5 漂浮物质：系指漂浮的垫舱物料、衬料及包装材料等。

2.1.6 其他垃圾：系指纸制品、破布、玻璃、金属、瓶子、陶瓷品及其类似废弃物。

2.2　当地方执行本标准不适于当地环境特点（如集中生活水源，经济渔业区等）时，可以按照国家有关规定制订地方污染物排放标准。

3　标准的监测

制订本标准依据的监测分析方法是:《船舶污染物监测分析方法》

附加说明:

本标准由中华人民共和国交通部提出。

本标准由交通部水运科学研究所，交通部标准计量研究所起草。

本标准委托交通部负责解释。

思考与训练

一、单项选择

1. 邮轮安全管理中最能动的要素是________。

A. 人　　B. 机　　C. 环境　　D. 控制

2. 海上人命安全方面最古老、最重要的公约是________。

A.《STCW 78/95 公约》　　B.《SOLAS 公约》

C.《IHR 卫生条例》　　D.《MARPOL 公约》

3. 从事非短途国际航行的客船上，应在乘客上船后________内举行乘客集合演习。

A. 12 小时　　B. 24 小时　　C. 48 小时　　D. 72 小时

4. 船舶应急时“七短一长声”的报警信号表示________。

A. 消防　　B. 人员落水　　C. 堵漏　　D. 弃船

5. 关于海上求生，以下说法错误的是________。

A. 海上求生的三要素是救生设备、求生知识和求生意识

B. 弃船时应尽可能多穿衣物、戴上帽子

C. 跳水时应采取头朝下、脚在上的方式入水

D. 水中漂浮待救时尽可能采取仰卧姿势

二、问题简答

1. 什么是邮轮安全管理？邮轮安全管理的要素是什么？

2. 常见的船舶海损事故有哪些？如何防范及应对？

3. 什么是海上恐怖势力威胁？如何防范及应对？

4. 什么是方便旗船？邮轮悬挂方便旗的原因是什么？

5. 现代邮轮如何应对海洋环境污染问题？

三、技能训练

1. 以小组为单位，分别设定船长、船员、游客等角色，进行邮轮突发触礁紧急事故时弃船演习全过程模拟，并讨论该过程的注意事项。

2. 以小组为单位，分别设定船长、船员、游客等角色，进行邮轮突发传染性疾病时的应急模拟演练，并讨论该过程的注意事项。

拓展阅读

邮轮海上安全

现代邮轮承诺向其游客提供轻松愉快、安全无忧的海上假期。然而，考虑到邮轮上搭载着数量庞大的游客，一些人开始质疑船上救生设备的快速应变能力和有效性。在海上，救生系统的任何缺陷都将可能对游客的生命安全构成威胁。

船舶本身就是最好的救生设备，这是邮轮在设计建造时应该意识到的首要问题。当灾难来临的时候（而且缺乏必备的逃生设备），船舶应该垂直稳定地漂浮在水面上，或者也有可能顺流漂移。弃船演习同样非常重要，所有的救生艇都必须在船舶停下来之后降落至海面并驶离船舶。

按照《SOLAS 公约》的规定，弃船演习应该尽可能模拟紧急情况突发时的状况，并且每一艘救生艇在每三个月至少有一次在弃船演习中由指定船员降落到水中。邮轮每停靠一个港口，港口国的监管人员都将查看船舶航海日志，来确认救生艇是否在过去三个月中进行了降落、脱船以及回收操作。如果没有，监管人员会指定某艘救生艇在其监控下进行以上操作。

从理论上讲，弃船演习是一种例行演习。尽管弃船演习一般选择在白天温暖的气候条件下由训练有素的船员进行操作，却仍然具有一定的困难和潜在的危险性。而且这样的弃船演习也很难还原真实的场景，比如邮轮上行搭载的 5 000 名游客以及 1 500 名船员必须在弃船时被紧急疏散。邮轮也许正在夜间航行，乘客中还有一些老弱病残，火宅或者碰撞都会给船上带来更大的混乱和恐慌。

《SOLAS 公约》规定，游客必须熟悉邮轮上的安全设施，参加船上的集合训练。国际救生设备规则要求救生衣的构造能够使人们在提前看过说明书但没有帮助的情况下在不超过一分钟的时间内完成穿着。《SOLAS 公约》也有关于救生衣的条款，比如要求儿童救生衣的数量至少是邮轮所有乘客数量的 10%以上。船上游客的集合训练要在船只起航的 24 小时内进行。《SOLAS 公约》还规定，邮轮在起航之前或之后必须为新游客发放安全手册。

专业英语词汇

abandon-ship drill	弃船演习
classification society	船级社
fire protection	防火
flag of convenience	方便旗
flag state	船旗国
lifeboat	救生艇
lifebelt	救生圈
lifejacket	救生衣

life raft	救生筏
lifesaving appliance	救生设备
marine accident	海损事故
maritime safety administration	海事局
port state	港口国
safety management	安全管理
vessel's survey	船舶检验

附　　录

国际邮轮机构（Cruise Line Associations）

机构 Association	简称 Abbreviation	所在地 Base	业务范围 Activity
国际邮轮协会 Cruise Line Industry Association	CLIA	纽约 New York	北美及世界邮轮业发展 Represents North American and international cruise lines
国际邮轮理事会 International Council of Cruise Lines	ICCL	华盛顿 Washington	美国邮轮业 US lobby group
佛罗里达-加勒比海邮轮协会 Florida-Caribbean Cruise Association	FCCA	迈阿密 Miami	美国及加勒比海地区邮轮业 Promotes the relationships between the US Cruise Industry and the Caribbean Islands
客船协会 Passenger Shipping Association	PSA	伦敦 London	英国政府及欧盟邮轮业 British Government and European Union lobby group
澳洲国际邮轮委员会 International Cruise Council Australasia	ICCA	悉尼 Sydney	全球邮轮旅游业 Promotes the global cruise experience
日本远洋客轮协会 Japan Oceangoing Passenger Ship Association	JOPSA	东京 Tokyo	邮轮旅游安全 Promotes cruising and ship safety and security
中国交通运输协会 邮轮游艇分会 China Cruise & Yacht Industry Association	CCYIA	北京 Beijing	中国邮轮产业发展 Promotes the cruise industry development in China

参 考 文 献

［1］湄红．邮轮旅游全攻略．重庆：重庆大学出版社，2009.

［2］王诺．邮轮经济．北京：化学工业出版社，2008.

［3］Philip Gibson．邮轮经营管理．陈扬乐，赵善梅，译．天津：南开大学出版社，2010.

［4］Marc Mancini, Ph.D..Cruising, A Guide to the Cruise Line Industry. Second Edition. Delmar Cengage Learning, 2003.

［5］陈扬乐，王琳．海洋旅游导论．天津：南开大学出版社，2009.

［6］李敏．轮船与水上交通工具的故事．大连：大连出版社，2009.

［7］赵金涛．欧洲邮轮码头的运营特点及启示．中国港口，2009（8）.

［8］美国嘉年华邮轮公司网站，http://www.carnival.com.

［9］意大利歌诗达邮轮公司网站，http://www.costacruisesasia.com.

［10］美国皇家加勒比邮轮公司网站，http://www.rcclchina.com.cn.

［11］丽星邮轮公司网站，http://www.starcruises.com.

［12］地中海邮轮公司网站，http://www.msccruises.com.cn.

［13］银海邮轮公司网站，http://www.silverseachina.com.

［14］冠达邮轮公司网站，http://www.cunard.com.

［15］迪士尼邮轮公司网站，http://disneycruise.disney.go.com.

［16］世鹏邮轮公司网站，http://www.seabourn.com.

工学结合新思维高职高专航海技术类
“十二五”规划教材

（一）基础科目

1. 计算机应用基础
2. 航海体育与健康
3. 现代礼仪实用教程
4. 大学生心理健康教育

（二）电子商务

1. 网页设计与制作
2. Internet 技术
3. 电子商务技术实操
4. 电子商务与网络安全
5. 电子商务网站建设与管理
6. C 语言程序设计项目化教程

（三）物流管理

1. 集装箱运输实务
2. 港口企业装卸实务
3. 国际货运代理实务
4. 外贸单证操作实务

（四）航海技术

1. 航海学基础
2. 船舶货运
3. 航海气象与海洋学基础
4. GMDSS 综合业务
5. 船舶通信英语
6. 船舶雷达与 ARPA
7. 航海英语视听说

（五）海事管理

1. 船舶与船员管理
2. 国际航运实用英语

（六）酒店管理（邮轮乘务）

1. 现代酒店客房实务
2. 酒店西餐厅运营实务
3. 现代酒店前厅实务
4. 邮轮运营实务
5. 邮轮实用英语
6. 酒店房务英语
7. 酒水服务英语
8. 餐饮服务英语

（七）轮机工程技术

1. 船舶电气工艺测试
2. 轮机工程材料基础
3. 船舶电路基础
4. 船用传感器技术与维修
5. 轮机工程力学与热工基础
6. 机械制图与设计基础

（八）理化测试及质检技术（无损检测）

1. 磁粉探伤实务